提供一种眼界

Clean Meat

人造肉

即将改变人类饮食和全球经济的新产业

How Growing Meat Without Animals Will Revolutionize Dinner and the World

[美] 保罗·夏皮罗 著

李思璟 译

北京联合出版公司
Beijing United Publishing Co.,Ltd.

献给每个看到明显棘手的问题并迎难而上，
不知疲倦地予以解决的人。

请相信纳尔逊·曼德拉的话：“凡事在做成之前，总是看似不可能完成。”

序言

尤瓦尔·赫拉利
新锐历史学家、全球畅销书《人类简史》作者

如今，地球上的大多数大型动物都生活在工业化的农场里。在我们的想象中，地球上居住着狮子、大象和企鹅，它们自由自在地在辽阔的热带草原上、海洋中奔跑、漫游。在国家地理频道、迪士尼电影和童话故事中，这可能是真的，但在电视屏幕之外的现实世界中就不一样了。全世界一共有4万只狮子和10亿头驯养的猪、50万只大象和15亿头驯养的奶牛、5000万只企鹅和500亿只鸡。2009年，一项普查统计得出，欧洲共有16亿只野鸟，所有种类都包括在内。而在同年，欧洲肉食和禽蛋工业饲养了近70亿只鸡。生活在地球上的很大一部分脊椎动物不再自由，而是由一种动物拥有和控制：智人（*Homo sapiens*）。

在工业化农场里，这数十亿的动物并不被视为能够感受到痛苦和忧伤的生物，而是生产肉、奶和蛋的机器。这些动物通常在工厂式的设施中批量生产，它们的身体也根据工业需要而成型。之后，动物们就像一条巨型生产线上的齿轮一样度过它们的一生，生存的时间和质量由农业企业的盈亏决定。从造成的痛苦程度来看，工业化动物饲养可以说是历史上最严重的罪行之一。

到目前为止，科学研究和技术发明有使家畜的生活质量更加恶化的趋势。在古埃及、罗马帝国或古代中国等传统社会，人类对生物化学、遗传学、动物学和流行病学的了解非常有限，所以，他们的操控力也是受限的。在中世纪的村庄里，鸡在房舍间自由奔跑，从垃圾堆里啄食种子和虫子，在谷仓里筑巢。如果哪个野心勃勃的农民试图把1000只鸡锁在拥挤的鸡舍里，那很可能会引起一场致命的禽流感疫情，导致所有的鸡丧生，甚至会殃及不少村民，连牧师、萨满或巫医对此也束手无策。

但是，一旦现代科学破解了鸟类、病毒和抗生素的秘密，人类就开始将动物置于极端的生存条件下。在疫苗、药物、激素、杀虫剂、中央空调、自动喂食机和许多其他新设备的帮助下，现在的数万只鸡或其他动物可以被塞进极小的笼中，以前所未有的效率生产肉和蛋，同时这些动物也遭受着前所未有的痛苦。

在21世纪，科技赋予人类更多的力量来支配我们的同伴。40亿年来，地球上的所有生命都遵循自然选择的规律；而在不久的将来，地球上的生命将被人类智能设计所支配。但是，具有决定性的从来不是技术，我们可以利用同样的技术创新创造出截然不同的社会和环境。例如，在20世纪，人们利用火车、电力、无线电、电话等工业革命技术建立了无产阶级政府、法西斯政权又或是自由民主国家。

同样，在21世纪，生物技术也有许多不同的用途：一方面，我们可以用它来改良牛、猪和鸡，使它们长得更快、产肉更多，且完全不考虑给它们带来的痛苦；另一方面，我们可以用生物技术生产人造肉——用动物细胞培植的肉，无须再饲养和屠宰动物。如果我们沿着后面这条路走下去，生物技术很可能会从家

畜的死对头变为它们的救星。人造肉可以满足人类对肉食的渴望，但不会对地球上的生命造成巨大的伤亡，因为比起饲养动物再利用它们生产出同样的肉，人造肉要高效得多。

人造肉绝非科学幻想。正如你将在本书中读到的，世界上第一个人工培植的汉堡于2013年被生产并食用。确实，在谷歌联合创始人谢尔盖·布林的资助下，这个汉堡耗费了33万美元。但我们也要知道，扫描第一个人类基因组花费了数十亿美元，而如今只要几百美元。事实上，在第一个人工培植的汉堡问世仅仅4年后，也就是2017年，培植汉堡的研发人员已经改进了工艺，现在的制作成本已大大降低。在这个领域，竞争对手已经如雨后春笋般涌现，一家美国公司在2016年以相对便宜的费用生产了世界上首个人工培植肉丸，标价仅为1200美元。2017年，这家公司以更低的成本生产了第一款培植鸡肉三明治和香橙鸭胸，并打算在不久的将来将产品投放市场。如果有足够的研究和投资，我们可以在10～20年内生产出工业规模的人造肉，这将会比饲养牛和鸡更便宜。如果你想要一块牛排，你可以只培植一块牛排，而不用饲养和屠宰整头牛。

这项技术带来的变革并非言过其实。一旦人造肉的价格足够低，用其替代屠宰肉不仅具有伦理意义，更具有经济和生态意义。养殖动物是全球变暖的主要原因之一，联合国便将畜牧业的温室气体排放量与全部运输行业的温室气体排放量做对比。抛开气候不谈，畜牧业既是抗生素和农药的消费主力之一，也是空气、陆地和海洋的最大污染者之一。在哀叹智人给地球造成的问题时，矛头很容易指向石油和煤炭公司，但传统的肉类行业也是不可忽视的污染源。就如我们需要清洁能源来取代化

石燃料，我们也需要人造肉来取代工业化农场。**要拯救地球免受气候变化灾难和生态退化的威胁，人造肉的作用至关重要。**

在这本引人入胜又充满希望的书中，保罗·夏皮罗强调了细胞农业（cellular agriculture）这种新方法在食品和服装生产方面的巨大前景。有了细胞农业，人类可能很快就不再需要饲养和屠宰数十亿头家畜。在不太遥远的将来，我们可能会像如今回顾奴隶制一样，怀着同样的恐惧回顾工业化畜牧业：我们已经仁慈地将这段人类历史上的黑暗篇章抛在脑后。

21世纪，技术赋予了我们创造和毁灭的非凡能力，但是技术不会告诉我们怎么去利用这种能力。当我们在规划这个美丽新世界的蓝图时，我们应该考虑到众生的福利，而不仅仅是智人的福利。我们要利用生物工程的奇迹来建造天堂还是地狱，这取决于我们所有人的选择。

目 录

第 1 章
第二次驯化

第 2 章
科学的拯救

第 3 章
实验室中的成果

第 4 章
让皮革做“先锋”

第 5 章
人造肉进入美国

第6章
杰克计划

第7章
人造食品及其争议

第8章
品味未来

美制—公制单位换算表:

1 英寸 = 2.54 厘米
1 码 ≈ 0.91 米
1 英里 ≈ 1.61 千米
1 平方英寸 ≈ 6.45 平方厘米
1 平方英尺 ≈ 929.03 平方厘米
1 盎司 ≈ 28.35 克
1 磅 = 453.6 克
1 美制加仑 ≈ 3.79 升

第1章

第二次驯化

“培植肉技术一旦成熟，就会彻底改变全球的肉类供应。我们吃的肉将来自科学，而不是动物。”

走进“现代牧场”

在 2014 年 8 月一个闷热的日子里，我在布鲁克林军事车站漫步，这里曾是“二战”时期纽约最时髦的行政区的火车站，现在是数十家初创企业的所在地。见证了两代人历史的火车车厢一动不动地停在轨道上，周遭则是焕然一新却大多闲置的办公楼，这个仿佛时间都停止了的地方，真的会是一家生物技术公司的总部吗？还有与之一起的另外几家初创企业，真的正在开创一项有望颠覆我们当前食品系统的技术吗？

作为一个将毕生事业致力于使农业系统更可持续发展的人，尤其是在美国人道协会的工作，让我得以参观了许多初创食品公司，这些公司都声称它们的产品将拯救地球，预防困扰我们的许多疾病，同时提供足够的食物来养活世界上不断增长的人口。而且毫无例外的是，这些公司几乎都位于旧金山湾区，靠近为它们提供资金并推动它们创造更美好未来的硅谷资本。在我看来，布鲁克林似乎更像是留着胡子的嬉皮士，而不是生物技术的港口，但安德拉斯·福加奇（Andras Forgacs）确实邀请我来这里参观他的新公司：现代牧场（Modern Meadow）。

当我打量周围的环境时,既感觉不到“现代”,也看不到“牧场”。20 世纪 80 年代初，纽约市政府买下这座前军事补给站，此后将其改建为办公楼。如今，这里的几十个租户大多是初创企业，最近占领世界各地新闻头条的现代牧场就是其中之一。

在车站里走了 15 分钟，路过了其他几家生物技术初创企业后，我终于找到了这家实验室的入口。年近 40 岁的福加奇带着温暖的微笑，迎接我走进这个简陋却崭新的空间。当时，他手下只有十几名员工，让我不得不疑惑自己是否真的即将见证一段历史的诞生。

走进实验室后，福加奇和我聊起了现代牧场的工艺流程：通过人工培植牛的细胞，直接在牛体外生产牛肉和皮革，换句话就是，不需要屠宰牛就可以生产出真正的牛肉和皮革。现代牧场成立于 2011 年，是第一家在实验室培植肉类和皮革的商业企业。我读到过的相关文章称，福加奇（理论上）可以用一个微小的细胞培植出足够供应全世界需求的牛肉。如果这项技术能够得到完善并成功量产，其影响当然是巨大的，让我们既可以继续食用和穿戴动物制品，又不必担心像当下的农业系统一样给动物带来痛苦、导致资源浪费和环境破坏。

虽然现代牧场是第一家将这些动物制品商业化的公司，但福加奇并不是唯一一个朝这个方向努力的人。其他同类公司——包括本书即将介绍的所有公司，都是带着将人工培植的动物制品普及于世的目标而成立的。

我们参观了正嗡嗡作响的反应器，人工培植正在其中进行。紧接着，福加奇问了一个简单却让我大吃一惊的问题：

“想来块尝尝吗？”

我是来参观的，不是来吃的。何况过去二十多年来，我一直享受着纯素食主义饮食，吃牛肉的想法可不太吸引我。

我同时意识到，在那个时候，吃过实验室培植肉的人比进入太空的人还少。在现代牧场出现之前，只有少数学者真正在动物体外培植过肉，而全世界食用过培植肉的可能只有不到20人。

“我已经很长时间没吃过肉了，不知道我的评价能否作数。”我半开玩笑地说，希望成功逃过这劫。

我还设想了一下这种食物的价格，新闻报道说，哪怕一小块这样的牛肉也值一大笔钱。

“欧洲最近的人造汉堡，从细胞到培植成肉饼不是花了33万美元吗？”我指的是有史以来第一个实验室培植的著名汉堡——由谷歌联合创始人谢尔盖·布林资助—— 一年前它在伦敦的一次新闻发布会上被烹制并品鉴。

“别担心，”福加奇向我保证，“你是我们的客人，而且这只是很小一块样品，一根牛排条，你愿意的话可以尝尝。真的，它的制作成本只有100美元左右，而且这个价格也会很快降下来的。”

我这辈子确实吃过很多牛排薯条，但牛排条完全是另一回事。福加奇不仅想培植出像汉堡肉饼这种我们已经享受其中的食物，他还想创造出全新的饮食体验。可以把牛排条想象成肉制的薯条，因为培植薄片肉类比厚块肉类要便宜得多。比如，那些可能会在加油站抓起一根牛肉干当零食的人，会不会也想来一袋牛排条尝尝呢？“高蛋白、低脂肪，而且超级方便，我就会想尝尝。”福加奇笑着说。

一开始我还在犹豫，但很快我就意识到，我将成为第一批尝试这种引起广泛关注和争议的食物的人，机会如此难得，我决定接受主人的慷慨款待。

福加奇把牛排条从容器里拿出来。我微笑着举着它，这是我二十多年来第一次摄入肉类，我也想知道身体会出现什么反应。虽然我对吃肉几乎没有什么伦理上的顾虑，但在即将要放弃素食进食肉类之际，我依然觉得有点奇怪，尤其还是尝试这种新奇的肉。

我决定吃素并非因为我不喜欢吃肉；我从小就喜欢吃肉，现在仍然喜欢植物肉。如今，植物肉在杂食主义者中也越来越受欢迎。我在 1993 年成为素食主义者，那时的我才十几岁，就已经了解了以肉类为中心的饮食习惯的后果。人类不需要为了健康而吃动物，而肉类工业给动物福利和地球带来了诸多问题。所以，为什么我不尽我所能，通过不让动物出现在我的餐盘里来减少这种伤害呢？摄入食物链上较底端的食物，可以让更多的食物得以生产出来，因为饲养牲畜需要许多资源，比如谷物和水。随着全球人口的持续增长，这方面的节约变得愈加重要。

最终，我对动物的热爱带领我进入动物保护的职业生涯，协助开展相关的立法和企业宣传。帮助人们享受更多的植物性饮食，既可以保护家畜，也可以从源头上减少饲养和屠杀家畜的数量。多年来，我一直在阅读和谈论有关实验室培植肉的概念，希望这能为上述令人烦恼的问题提供有前景的解决方案，但和那些痴迷于肉食的人一样，我从来没有把这种理论上的食物当作产品。

然而，至少在今天，我马上就要把真正的肉重新加入我的

饮食，哪怕这是没有被屠宰过的动物肉。牛排条看上去就像一根细细的牛肉干，盯着它的时候，我在想，这一小块干牛肉具有多么重要的技术意义和象征意义啊！也许我手里拿着的是解决畜牧业综合企业给人类和地球带来的诸多问题的答案。我把肉举到嘴边，吸了一口气，然后把它放在舌头上。

我读过一些长期素食者的故事，他们在多年后第一次品尝肉类时体验到了各种感觉：从内啡肽激增和感到兴奋不已，到恶心、胃痛和呕吐。但这样的事并没有发生在我身上，我嚼了嚼牛排条，味道很好，让我想起了烧烤。

但我满脑子都是问题：我会生病吗？我还是素食主义者吗？这还重要吗？

事实上，对素食者或纯素食者来说，吃人造肉还是屠宰肉并不重要，因为他们并非预设中的受众。真正的问题——这个问题一直盘旋在我参观现代牧场的过程中，也是本书的主题——肉食者是否会接受这种人造牛肉、鸡肉、猪肉以及其他一系列动物制品，毕竟这些肉类产品已经成为我们饮食中如此重要的一部分。若要让整个社会接受实验室培植的肉，能不能考虑先穿一穿现代牧场的实验室培植的皮革制品，再慢慢尝试接受实验室培植的其他动物制品呢？（现代牧场现在只专注于培植皮革，而其他公司则在培植肉类。）即使我们接受了培植的食物和衣服，现代牧场和其他公司能否及时将产品推向市场，以纠正目前畜牧业造成的伤害呢？简而言之，牛排条虽然价格昂贵，但会预示食品未来的走向吗？

难以想象的资源浪费

人类正面临着一场危机：随着全球人口的膨胀，地球已经深受自然资源短缺的困扰，我们要如何才能养活这个星球上的数十亿人呢？自1960年至今，全球人口翻了一番，我们对动物制品的消费已经增长了5倍。据联合国预测，这一数字还将继续增长。更严峻的是，随着中国和印度（也是世界上人口较多的国家）等原本较为贫穷的国家变得越来越富裕，许多以前主要以植物性饮食为主的人，开始转向需要大量肉类、鸡蛋和乳制品的美式饮食。这些产品在过去是富人的专属，但如今大多数人都买得起。许多可持续发展领域的专家观察到，作为食物的来源，饲养动物比种植植物更为低效，人们对动物制品需求的增长将使地球不堪重负，导致气候变化更剧烈、森林砍伐更严重、水资源消耗更大，以及让人难以忍受的动物虐待。

预测显示，到2050年，地球上将有90亿~100亿人。如果他们中的大多数人可以像现在的西方人，特别是美国人那样大吃大喝，那么很难想象我们将如何满足这种口腹之欲所需要的大量土地和其他资源。仅为了满足美国人的饮食习惯，每年就有超过90亿只动物被饲养和屠宰，这还不包括鱼类等水生动物，因为水生动物是以重量，而不是数量计算的。换句话说，美国在短短一年内食用的动物数量比地球上的人口数量还要多；而几乎所有这些动物都是在工厂里封闭饲养的，这些工厂更像是集中营，而不是农场。

绿色革命[*]中的农业研究使得作物产量大幅增加，极大地提高了人类用更少的资源生产更多粮食的能力。但在提高农业生产效率时，人类却没有为自己留下多少时间，我们亟须创新，才能走出我们自己制造的新的农业危机。

为了让问题更清楚，想象一下你走在当地超市的家禽货架旁，每看到一只鸡，就想象它旁边放着一千多个1加仑的水罐。然后再想象一个接一个地拧开每个水罐的盖子，并把里面的水全部倒进下水道，这大约是将一只鸡从孵出蛋壳到放到货架上所需的用水量。换句话说，**比起半年不洗澡，家庭聚餐时少吃一顿鸡肉能节省更多的水。**

加利福尼亚州和其他干旱地区目前只是对草坪护理的用水量施加限制，或者建议缩短淋浴时间。但随着对水的需求急剧增加，再多的个人约束也无法补上维持畜牧业所需的用水量，更不用说畜牧业的扩张了。

而且，问题不仅仅是鸡肉。

让人越来越难以忽视的是，生产每个鸡蛋消耗50加仑水，这是很容易就能填满到溢出你的浴缸的水量。此外，生产每加仑牛奶需要900加仑的水（这足以填满好几个浴缸了）。相比之下，如果你不买牛奶，而是买1加仑的豆奶，就节省了850加仑的水。

无论是当地的、有机的、非转基因的，还是用了其他经常出现在包装上的流行语进行宣传的动物制品，其生产过程中赤裸裸的低效仍然存在。这些事实比以往任何时候都更加清楚地

---

* 绿色革命是指发达国家在第三世界国家开展的农业生产技术改革活动。——编注（若无特别说明，本书脚注皆为编者注。）

表明，随着人口的增长，如果我们要继续保持肉类、牛奶和鸡蛋的人均消费量，就必须变得更有效率，甚至要比更有效率更好。

如今，科学家和企业家们正试图实现这一点，他们的目标是：培植真正的肉，让杂食者可以继续享用牛肉、鸡肉、鱼肉和猪肉，而不必再饲养和屠宰动物。如果这些初创企业取得成功，那么它们在颠覆我们失调的食品系统方面的作用可能比其他任何创新都要大。同时，这还可以解决正在面临的许多重要问题，如环境破坏、动物痛苦、食源性疾病，甚至是心脏病。这些新公司正在争先恐后地打造一个让我们既可以培植肉，也可以吃肉的世界。在这个世界，我们可以享用大量的肉类和其他动物制品，而不需要付出环境、动物福利和公众健康的代价。

下一场食物革命：细胞农业

福加奇和他的现代牧场并非第一个考虑在不饲养动物的情况下培植动物制品的团队。除了科幻作家的想象力（最著名的也许是玛格丽特·阿特伍德的小说《羚羊与秧鸡》和更早的《星际迷航》）之外，许多前卫的思想家都预测这种转变是大势所趋。其中一位甚至成了西方历史上的重要人物之一。

“通过在合适的培养基下分开培植鸡胸肉和鸡翅膀，我们就不用荒唐地为了吃这两个部分而饲养一整只鸡。”1931 年，温斯顿·丘吉尔在一篇题为《五十年后》的文章中如是写道。虽然比他预估的时间差了几十年，但他的先见之明基本上预测了孕育现代牧场及其牛排条的技术。“这类新兴食品从一开始就与天然产品没有什么区别，”这位未来的首相继续写道，“任何变

化都是渐进的，这样就不会被察觉。”

丘吉尔预言的是人类几千年来在获取蛋白质的方式上的重大变革，就像汽车将马车留在了历史书里，他相信技术进步将彻底改变我们与所有动物的关系。丘吉尔也并非第一个做出这种预测的人。早在1894年，著名法国化学教授皮埃尔－欧仁－马塞兰·贝特洛就声称，到2000年，人类吃的将是实验室里培植出来的肉，而不是被屠宰的动物的肉。当记者追问生产这种肉类的可行性时，贝特洛回答说："如果事实证明生产同样的产品比养殖更便宜、更好，那么为什么不呢？"和丘吉尔一样，贝特洛预测的时间也有出入，但差得不算多。

人类一直在寻找改善饮食的方法。智人自出现以来，在很长的一段时间里，以觅食和狩猎为生。一万年前，其中一些人从长矛转向种子，在一场名副其实的农业革命中开始种植植物，并驯养动物。很快我们就开始发酵啤酒和酸奶等产品，这有可能是第一批生物技术食品。二十世纪，粮食生产的工业化再一次改变了我们的选择，激增的产量得以支持并鼓励不断加剧的人口爆炸。

如今的我们可能正在见证下一场食物革命的开始：细胞农业，即在实验室里完成培植食物（如真正的动物肉和其他动物制品）的过程，而不用动物本身的“参与”。也许，还会让大片农田恢复成更自然的栖息地。这项技术最初由学者和医学界开发，现在正被几家初创企业商业化。创新者们对动物肌肉进行微小的活体组织检查，然后培养这些细胞，使其在动物体外生长更多肌肉。一些创业公司甚至完全抛弃了动物初始细胞，直接从分子开始培植与我们所知的动物制品基本相同的真正的牛

奶、鸡蛋、皮革和明胶，不需要任何活的动物参与其中。

你将在本书中看到一些初创企业正在利用这项新技术努力实现丘吉尔的愿景。就在我写这篇文章时，这些公司正在用微小的动物细胞，甚至是酵母、细菌或藻类，生产真正的动物制品。这有可能给我们所了解的食品和时尚行业带来革命性的变化。与此同时，它们承诺解决不断增长的全球人口带来的巨大的环境和经济挑战，当然，前提是它们能够获得在全球范围内销售其产品所需的资金、监管审批和消费者接受度。

同样前景较好的植物性蛋白质革命已经给我们带来了素火鸡（Tofurky）、丝乐克豆奶（Silk soy milk）和别样肉客（Beyond Meat）等品牌，但与植物性蛋白质革命不同，实验室培植的产品并不是肉蛋奶的替代品，而是真正的动物制品。这样的技术也许看起来是完全新奇的，但实际上，你现在吃的每一口硬奶酪中几乎都含有凝乳剂。这种使牛奶凝固的复合酶，一般必须从小牛的肠道中提取，而它的合成过程几乎与本书中许多公司采用的工艺过程相同。如果你是一位糖尿病患者，你肯定会定期给自己注射胰岛素，这也是通过完全相同的生物技术过程生产的。

与此同时，多年来，实验室一直在通过类似的生产过程制造用于实验和移植目的的真正的人体组织。例如，实验室可以提取患者的皮肤细胞，将其培养成新的皮肤，并创造出和患者自身皮肤完全相同的真正的人类皮肤。这些实验室培养出来的新皮肤被移植到患者身体上后，身体似乎不知道有什么不同，因为确实也没有什么不同，除了它是在体外培养出来的。

这种原本广泛应用于医学的技术，已被应用于培植动物

农产品上。科学家们正在发展被细胞农业初创企业孟菲斯肉类（Memphis Meats）的首席执行官乌玛·瓦莱蒂（Uma Valeti）博士称为“第二次驯化”的东西。

在几千年前的第一次驯化中，人类开始有选择地饲养家畜和播撒种子，因此能够更好地控制食物生产的位置、方法和产量。如今，这种控制深入到了细胞层面。“‘人造’肉的过程，”瓦莱蒂说，“让我们可以直接通过高质量的动物细胞生产肉类，因此，我们只使用质量最好的肌肉细胞。”孟菲斯肉类的投资者之一赛斯·班农（Seth Bannon）喜欢这个类比，他的风投基金名为“五十年”，是对丘吉尔文章的致敬，该基金的目的就是为了帮助像瓦莱蒂这样的创始人。“传统上，我们驯化动物，采集它们的细胞来制作食物或饮品。”班农在谈到孟菲斯肉类的工作时说，“现在我们开始驯化细胞本身。”

本书中提到的科学家和企业家们正在寻求合适的解决方案，以应对由畜牧业系统造成的诸多全球问题。尽管他们所持的立场和价值观不同，但目标是一致的：竞相实现他们对世界的愿景——无须饲养和屠宰鸡、火鸡、猪、鱼和牛，而是通过培植过程生产肉类和其他动物制品，从根本上让活着的、有感觉的动物不再经历被饲养和屠宰的过程。

“在啤酒或酸奶的酿造过程中，酵母和乳酸菌并不会叫喊，因为它们被放在了一个发酵器里，”我们在现代牧场总部会面一年后，福加奇对一名记者打趣说，“我们的目标就是将同样的方法应用于动物制品的生产，不再让有感觉的动物成为工业化的受害者。”

好处多多

如果这些公司能够取得成功，这对地球、动物和人类健康的潜在好处是显而易见的。当然，从投资者向这些初创企业投入的数千万美元也可以看出，**哪里有重大颠覆，哪里就会有财富。**比尔·盖茨同杰夫·贝索斯、理查德·布兰森等亿万富翁一起创办了突破能源风投基金，在2016年12月接受美国消费者新闻与商业频道采访时，他谈到了这些初创企业的前景。“我们可能会投资几十家公司，”这位微软创始人评论说，“甚至包括农业领域的人造肉，已经有人在做这方面的工作。农业是一大排放源……如果能用另一种方法生产肉，就能避免像残忍对待动物这样的问题，也应该能生产出成本更低的肉类制品。”

盖茨多年来一直在投资植物肉，自2017年8月起，他与布兰森、通用电气前首席执行官杰克·韦尔奇等商业巨头一起开始向人造肉领域投入大量资金。布兰森为他和他的团队向一家初创企业提供资金而热情地庆祝，并预言说：“我相信，在30年左右的时间里，我们将不再需要屠宰任何动物，所有的肉类要么是人造肉，要么是植物肉。它们尝起来与真肉无异，对人类也更健康。总有一天，当人们回首往事时，会觉得祖辈需要屠杀动物作为食物是一件多么古老的事。”

人造肉可能还会给食品安全带来巨大的改变。屠宰场的粪便污染风险很大，除了动物排便（动物在接触到屠宰场这样新奇又可怕的环境时，通常会排便），在屠宰过程中的动物肠道中的粪便也可能污染肉类。最危险的食源性病原体是肠道细菌，如大肠杆菌和沙门氏菌都是由粪便污染引起的。当然，如果肉

是在动物体外培植的，就不用担心粪便的问题，因为那是在完全无菌的环境中生产的。下文将会进一步介绍，这一点正是推广细胞农产品的好食品研究所（Good Food Institute）普及“清洁肉”这个术语的主要原因。

这也是一些食品安全倡导者为这种清洁肉的出现而欢呼的原因，迈克尔·雅各布森（Michael Jacobson）博士就是其中一位，他是公共利益科学中心的创始人。他反对反式脂肪和蔗糖聚酯等食品添加剂，但对细胞农业持乐观态度。“这是个很好的方式，既能让消费动物制品更安全，也能让生产更可持续，”他告诉我，“我很愿意吃这种肉。”

除了食品安全的好处之外，用清洁肉取代饲养家畜还能极大地降低令公共卫生专业人士夜不能寐的全球流行病出现的风险。禽流感的暴发，特别是在亚洲，每年都会导致数百万只动物死亡。但最大的隐患是禽流感可能会跨物种传染人类，这正是1918年大流感暴发的原因。西班牙大流感感染了全世界近三分之一的人口，导致超过5000万人死亡。那时全世界总人口只有12亿，与仅仅一个世纪后以地球为家园的75亿人相比，只是很小的一部分；伴随人口数量增加的是流动性的增加，如今，每天有数百万人在世界各地旅行。如果像1918年同等规模的疫情发生在今天，可能会更具破坏性。

2007年，美国公共卫生协会的期刊就工厂化养鸡场构成的流行病威胁发表了一篇社论：

> 因此，奇怪的是，改变人类对待动物的方式，无论是最基本的停止食用动物，还是从根本上限制被食

用的动物的数量，在很大程度上并不是一项重要的预防措施。但如果能充分采纳或强制实施这样的措施，仍然可以降低人们非常担心的流感疫情暴发的可能性。除此之外，这甚至有可能预防未知的未来疾病。而如果不采取类似的措施，集约化饲养动物和屠杀它们作为食物就可能导致未知疾病的暴发。然而，人类并不考虑这个选项。

十多年过去了，到目前为止，人类似乎仍然没有考虑美国公共卫生协会的建议：大幅削减畜牧业综合企业的规模，降低发生流行病灾难的风险。但是，即使发生这样事件的可能性很低，从短期着眼，也还有更令人信服的理由，让人类考虑减少饲养供食用的动物。

一场大流行病可能会对我们的文明造成灾难性的影响，但发生的可能性微乎其微。然而，工厂化饲养动物构成的威胁如今已经显现出来。最值得注意的也许是，人类医学正在面临抗生素耐药性危机，许多医疗和公共卫生专家表示，这个问题是由畜牧业造成的。美国大约 80% 的抗生素被喂给了家畜，其目的并不是治疗疾病，而是作为农场拥挤环境下促进动物生长和预防疾病的亚治疗手段。美国医学协会对在人类医学中继续使用本该能救命的抗生素的能力感到担忧，并呼吁联邦政府禁止使用抗生素来促进家畜生长。但出于对农业和制药团体的利益的考虑，到目前为止，联邦政府对医生的呼吁依然置若罔闻。

在这个星球上，随着越来越多的发展中国家摆脱贫困，人类对肉类的需求只会不断增加。但我们知道，地球上有限的资

源根本不允许后起国家的人们也像美国人和欧洲人那样重肉饮食。从历史上看，较富裕的人能够负担得起高水平的肉类消费，而穷人主要以谷物、豆类和蔬菜为生，肉食更多被视为一种不常有的待遇。

尽管近年来美国人开始减少肉类消费，但随着印度和中国等国家家庭收入的增加，对肉类的需求也在增加。令人担忧的是，这里仅举一个例子，中国的人均肉类消费量在过去 30 年里飙升了 5 倍。在中国，牛肉曾被看作"富人吃的肉"，如今它是亿万中国人日常饮食的一部分。

至少自 1971 年弗朗西斯·摩尔·拉佩（Frances Moore Lappé）的《一座小行星的饮食》（*Diet for a Small Planet*）出版以来，我们就知道，地球并没有大到足以养活全球的美国式肉食者。"想象你正坐下来吃一块 8 盎司的牛排，再想象 45~50 个人坐在一个房间里，每人手里拿着空碗，"拉佩写道，"这块牛排的饲料成本可以让他们每人的碗里填满煮熟的谷物。"

虽然在美国，生产成本的外包化人为降低了动物制品的价格，但生产肉类仍是一种极其昂贵的养活人类的方式。早在拉佩的开创性著作出版之前，时任美国总统哈里·杜鲁门就曾敦促美国人每周二和周四减少动物蛋白的摄入，减少肉类（包括家禽）和蛋类的消费，为战后欧洲的重建节省资源。

时间快进到今天，信息依然明确。"现实情况是，生产肉类需要大量的土地、水、肥料、石油和其他资源，远远超过种植其他营养且美味的食物所需。"全球救济慈善机构乐施会表示。

饲养供食用的动物的最大成本是动物所需的饲料，且它们的需求量巨大。当提到大豆时，你可能会想到豆腐或豆浆，但

世界上种植的大部分大豆都被用作了动物饲料，而这些大豆占用了大量土地。可悲的是，动物饲料还是导致热带雨林被砍伐的主要原因，这基本上杀死了地球的“肺”。世界野生动物基金会指出了这一现象：“为了满足世界日益增长的肉类需求，大豆的增产往往会导致拉丁美洲的森林被砍伐，以及其他有价值的生态系统的流失。”换句话说，像“拯救热带雨林”这样的口号如果以“少吃肉”来作为结尾，可能更有教育意义。

生物多样性中心发现，我们盘子里的食物与许多物种能否在地球上生存下去有着至关重要的联系。这就是为什么非营利环保组织发起了一项名为“用餐盘杜绝灭绝”的活动，旨在鼓励具有环保意识的消费者在每次吃饭时采取实际行动，以防止野生动物灭绝。这场反灭绝运动的唯一建议是：“地球及生于其上的野生动物需要我们减少肉类消费。”

提到气候变化，肉类生产给地球带来的压力就更加显而易见。英国皇家国际事务研究所可能是欧洲最负盛名的智库，该研究所警告：“防止灾难性的全球变暖，有赖于肉类和乳制品消费问题的解决，但我们付诸的行动很少。”该研究所也被称为查塔姆研究所，它指出，畜牧业是温室气体排放的主要贡献者，“如果全球肉类和乳制品的消费不发生变化，全球气温的上升不太可能保持在 2℃以下”。

总而言之，仅仅为了喂养家畜而利用资源种植谷物，再吃掉这些动物，这种做法极度低效。由于美国几乎所有的家畜都是用谷物喂养的，当我们选择吃肉的时候，基本上就等于浪费了大量食物。

哪怕是生产效率最高的肉类——鸡肉，与植物性蛋白质相

比仍然相形见绌。鸡需要吃 9 卡路里的谷物才能长 1 卡路里的肉，重点是：鸡肉已经是生产效率最高的肉类了。因为其中的很多卡路里用来支撑我们并不太关心的生物过程：长喙、呼吸、消化等。我们只是想吃肉，但是要得到肉，就需要浪费大量食物。好食品研究所的执行董事布鲁斯·弗雷德里克（Bruce Friedrich）将饲养鸡肉的消耗做了个形象的比喻：就如同每次我们只想吃一盘意大利面时把九块面团直接扔进垃圾桶。很少有人会这样做，但这和买肉的区别可能并不是那么大。

然而，尽管所有的证据都表明生产肉类的效率是如此之低，但对于我们之中那些已经习惯多肉类饮食的人来说，自愿选择吃素而放弃吃肉，仍是一个非常困难的命题。很多人就是喜欢吃肉。我可以证明，即使是在素食主义者的社交活动中，植物肉食品（素肉汉堡、素鸡肉等）通常也最受客人欢迎，而鹰嘴豆泥和蔬菜基本无人问津。

尽管几十年来素食主义者和动物保护组织一直在倡导吃素，但在过去的 30 年里，美国素食者的比例一直徘徊在 2%~5% 左右。是的，虽然美国的人均牛肉、猪肉和家禽消耗量已经从 2007 年的 220 磅左右下降到 2016 年的 214 磅,但即使略有下降，美国人仍然是地球上最爱吃肉的人。

倡议植物性蛋白质的先驱、植物肉汉堡的供应商不可能食品公司（Impossible Foods）首席执行官帕特·布朗（Pat Brown），正试图帮助杂食主义者在不牺牲味道的情况下吃更少的肉。甚至在不可能食品公司还没有产品上市之前，它就已经从谷歌风投公司、比尔·盖茨等处筹集到了 1.82 亿美元的投资。作为斯坦福大学的生物学教授，布朗认为，如果不大幅减少动

物制品的消耗，就不可能减少对气候变化的影响，更不用说扭转气候变化的趋势了。“每一辆汽车、公交车、卡车、火车、轮船、飞机、火箭、宇宙飞船，所有这些加在一起，都不如畜牧业的温室气体排放量多。”布朗说。

障碍重重

但是，如果我们能培植肉类，而且这种肉又能吃呢？如果我们可以享受真正的动物制品，如肉类和皮革，而且没有如今的环境和伦理问题，又会怎么样？

在刚刚起步的动物制品培植行业，安德拉斯·福加奇和他的团队致力于使这一可能成为现实，他们生产的动物制品的预期环境效益显而易见。例如，牛津大学研究员汉娜·图米斯托（Hanna Tumisto）于2011年发表在《环境科学与技术》期刊上的一项研究预估，与传统牛肉相比，培植的牛肉需要的能源最多可减少45%，土地资源可减少99%，水资源可减少96%。诚然，这么早进行的任何生命周期分析都有其局限性，因为目前还不清楚什么技术才能真正使细胞农业产品在商业上取得可行性。但是，比起饲养动物，培植动物制品可能会大大提高资源效率。2015年发表在《综合农业期刊》上的一项研究，通过比较培植肉类在中国的环境影响得出结论：“用培植肉类取代传统肉类，将大大减少温室气体排放量，并降低对农业用地的需求。”

而且，中国政府确实对此充满兴趣。2017年9月，政府报纸《科技日报》报道了一家美国公司将清洁肉带到中国的努力，试探性地让读者想象这样一个世界：“这里有两种一模一样的产

品：一种必须屠杀牛才能得到；另一种完全一样，而且更便宜、不会排放温室气体、不用屠杀动物。你会选择哪一个？”

一批初创企业的初衷就是希望能提供这样的选择，且正在努力实现这一目标。与现代牧场类似的这些公司，如汉普顿克里克（Hampton Creek）、孟菲斯肉类、默萨肉类（Mosa Meat）、无鳍食品（Finless Foods）、超级肉类（SuperMeat）、未来肉类科技（Future Meat Technologies）、完美的一天（Perfect Day）、克拉拉食品（Clara Foods）、螺栓纹（Bolt Threads）、体外实验室（VitroLabs）、蜘维（Spiber）、啫喱托（Geltor）等，都在寻求颠覆并最终彻底改革食品和时尚行业，这也是它们的投资人的期望。摩根士丹利前高级副总裁、《福布斯》杂志撰稿人迈克尔·罗兰（Michael Rowland）告诉我：**“培植肉技术一旦成熟，就会彻底改变全球的肉类供应。我们吃的肉将来自科学，而不是动物。”**

这也正是那么多环境和动物保护主义者支持这些公司的原因。他们认为，细胞农业类似于清洁能源运动。“工厂化养殖有点像开采煤矿，”致力于推进培植动物制品科技的非营利组织新丰收（New Harvest）的首席执行官伊莎·达塔尔（Isha Datar）解释说，“它会污染我们的星球，造成破坏，但能达到目的。萌芽阶段的细胞农业和可再生能源一样，它有可能达到同样的目的，但不会带来众多可怕的副作用。”

细胞农业行业的人们明白自己的工作可能产生的潜在影响的规模，几乎毫无疑问地对这项新技术的应用前景感到乐观。有趣的是，这个行业里的人并不会将彼此视为竞争对手，而更像是友好的竞争者，朝着相同的目标努力，并一致认为通过培

植过程生产的肉类及其他动物制品，总有一天会让人类不再依赖于饲养鸡、火鸡、猪、鱼和牛。

在现阶段，大多数消费者对这种新技术知之甚少，甚至闻所未闻，在试图使此技术商业化的过程中，每家公司对于如何更好地进行市场投放有着不同的想法。在肉类的选择上，应该先培植牛肉吗？毕竟比起其他肉类，养牛给环境带来的破坏更大。还是先培植鸡肉？因为被屠宰的鸡比其他任何动物都多（也许除了鱼）。还是先从牛奶开始？因为生产牛奶更容易。或者，我们先不考虑食物，而是专注在实验室里生产皮革？因为这可能比培植肉类更容易让公众“消化”。

要实现梦想，这些公司还有很长的路要走。目前看来，短时间内清洁动物制品很可能只能以有限的方式进入市场，要生产出价格上有竞争力的清洁肉商品，还需要若干年。几年前，早期培植肉类运动的先驱之一杰森·马西尼（Jason Matheny）曾跟我开玩笑说，无论哪一年有人问他培植肉还要多久才能在超市销售，他的回答总是一样的：“大概 5 年吧。”但由于本书中所描述的工作，这个时间窗口似乎正在迅速缩短。

书中提到的企业家们都面临着几个重大的障碍，他们必须将每一个障碍克服，才可能产生实际的影响。第一个障碍是降低成本——大幅降低成本。所有人都相信自己能做到，否则这些企业家们也不会继续自己的工作了，但这种观念是基于他们相信自己会取得尚未达成的技术突破。

他们还希望人们能理解他们试图克服的障碍。在说服消费者尝试其生产的汉堡之前，他们还需要解决大规模生产的问题。因为目前所采用的大部分技术都是为了医疗目的发明的，而不

是为了食物，使得他们能在规模和成本上采取的手段都相当有限。例如,他们需要找到更好的支架,也就是用来生长肌肉的“骨头”，因为目前培植肉类所用的支架仍然很昂贵，而且只能生产出碎肉。(也就是说，只能生产出肉丸和肉饼，而不是整块鸡胸或牛排。)他们还需要发明出工业规模的生物反应器（又称发酵器）用来让肌肉的生产达到商业规模，这片领域目前还是空白，因为已有的反应器通常只用于医疗目的。

另一个可能阻碍他们成功的障碍是，即使能够扩大生产规模并在成本上具有竞争力，潜在的政府监管和其他官僚障碍可能会延缓产品进入市场的进程。几十年来，我们一直在将现代生物技术应用于食物领域，但鉴于这种特殊技术的新颖度，监管机构很可能会对此持怀疑态度，并因此放慢审批周期。

最后，最重要的问题是消费者是否真的想吃这样的食物，无论其是否物美价廉。随着越来越多的消费者追求“天然”和最低限度加工的食品，甚至将转基因作物称为所谓的“科学怪食”，人们会不会对人工培植的动物制品也产生抵触情绪?

孟山都和陶氏益农等农业巨头最近几十年都忙于默默地将转基因作物推向市场，与它们不同的是，生产细胞农业产品的初创企业的规模相对较小，它们希望公众确切地了解它们是如何生产肉类的。这些公司经常用“绝对透明”这个时髦词，不断地寻求机会向外界准确地讲述它们在做什么，以及是如何做到的。这些初创企业相信，如果消费者明白它们所做的工作与我们日常生活中的一些食品或医疗干预措施并无太大差异，自然会接受此类产品，甚至会表现出热情。

当然，一些反对生物技术与食品系统相结合的声音也对实

验室培植的动物制品充满忧虑，后面几章将会阐述这类论点。但有趣的是，可持续食品领域最知名的人物之一、《杂食者的困境》和《为食物辩护》的作者迈克尔·波伦支持这些企业家。“总的来说，我认为所有这些寻找肉类替代品的努力都是值得的，因为无论如何，出于环境、道德和伦理的原因，我们都需要减少消耗，”波伦告诉我他对培植肉的看法，“目前还不清楚可行的替代方案会是什么样，但考虑到问题的严重性，研究各种方案似乎都是有必要的。”

一些发起反转基因作物运动的团体和个人，并不一定真正认同波伦对细胞农业的开放态度。因为过去用某些技术建立的粮食生产系统并不可持续，所以许多人的担忧也算合情合理。科技就像一把刀，可以用来为朋友做饭，也可以用来杀人——完全取决于如何使用。不过，至少有一件事是可以肯定的：培植肉的成功将大大减少现有转基因作物的数量。目前，美国种植的转基因作物中有 90% 用于动物饲养。工业化农业的尖锐批评者麦凯·詹金斯（McKay Jenkins）在 2017 年出版的《食物战争：转基因作物与美国饮食的未来》（*Food Fight: GMOs and the Future of the American Diet*）一书中指出：

> 与传统畜牧养殖业相比，细胞培植肉最大的优势是可能会给工业化农业带来各种类型的改变。我们不再需要添加了杀虫剂的转基因玉米、工业屠宰场或汽油，因为不用再饲养或屠宰动物，也不用在全国范围内运输动物。我们也不需要解决污染水源的堆积如山（或成河）的动物粪便，也不需要解决导致气候变化的

甲烷排放。此外，我们也不需要屠杀数十亿的动物来满足我们对蛋白质的无限渴望。

无论对生物技术和食品的争论结果如何，大多数公司都想把即将推出的产品描绘成天然的且与我们日常食用的食品没什么不同。然而，有些公司似乎欣然接受了它们生产的食物被描述为“新奇的”“陌生的”。有一家自称“真正的素食奶酪”的公司，不满足于用牛奶制作奶酪，而是宣称它们的奶酪是由独角鲸的奶（合）制成的，目的是为了“提高对海洋健康的认识”并“展现这一过程将适用于任何已测序哺乳动物的基因”。本书第 7 章也会提到另一家公司已经用乳齿象的明胶生产出了软糖。（你没看错，北美乳齿象在几千年前就已经灭绝，但实验室制造出了乳齿象明胶。）

培植商品的市场化趋势

将世界上第一个培植动物制品推向市场的竞赛正如火如荼地进行着。风投界大佬们为创业公司投资数百万美元，以期颠覆人类几千年来的饮食和穿衣方式。尤其是在近半个世纪以来，虽然有各种外部因素的影响，但工厂化养殖确实丰富了人类获取动物制品的方式。当然，它们的目的也包括赚取丰厚的利润。

就像现在的本地酿酒厂可以生产精酿啤酒，是否很快就会有肉类“酿造厂”出现？现代牧场的福加奇认为有这种可能:“酿酒厂就是培植细胞的生物反应器。我们可以酿造啤酒,也可以‘酿造’皮革或肉类，这并不难想象。”

也许，我们不仅可以在酿造厂（也许可以称之为“酿肉厂”）里培植肉制品，甚至在自家的厨房里就能做到。如今的厨房里出现面包机或冰激凌机再平常不过，有一天，肉类制作机可能也会出现在我们的厨房里。此领域的科学家马克·波斯特（Mark Post）博士预言，有一天，像他这样的普通人也可以“出售一袋袋金枪鱼、老虎、奶牛、猪或任何你想要的肉类的干细胞做成的茶包，还可以在自家舒适的厨房里培植喜欢的肉类”。

我已经吃过培植的牛肉、家禽、鱼、乳制品，甚至是鹅肝，也摸过培植的皮革，而写作本书正是为了探索这种新兴产业的前景。在动物福利领域的职业生涯让我站在了肉制品行业与动物及环保倡导者之间似乎永无止境的斗争的前线。然而，这场斗争的结局可能会是双赢：人们会继续吃肉，但地球和动物都不再受到如此严重的伤害。随着本书中描述的产品逐步商业化，我们可能很快就会看到动物保护组织打出“吃肉，不要吃动物”的口号。

世界正变得越来越拥挤，对资源密集型动物制品的需求也一年比一年旺盛。转向更多的植物性饮食将在很大程度上有助于缓解这场危机，也因此，植物性蛋白质产业的持续发展也非常重要。但是，人类这一物种，以及与我们共享地球的其他物种，都不能仅仅依靠一种解决方案来解决如此重大的问题。就像可再生能源一样，我们需要许多种替代方案。

如果致力于发展细胞农业的公司能够取得成功，这可能是自一万年前农业革命以来发生在人类生产食物方式上的最大剧变。随着21世纪的深入，它很可能刚好是人类面临的诸多紧迫问题的答案。

第2章

科学的拯救

“也许美国未来的农民是微生物学家，而不是牧场主。”

古老行业消亡史

很难想象一个人类不再那么依赖动物获取肉食的世界。毕竟，自从大约 30 万 ~ 20 万年前智人出现以来，除了一些相对较新的植物性蛋白制品之外，动物已经满足了人类对肉食的渴望。但如果考虑到我们过去依赖动物获取的许多其他东西，比如衣服、工具、居所和交通，那么我们就能够意识到，仅在过去的几个世纪里，新技术是如何让我们在各方面大大减少了对动物的依赖。

例如，在 20 世纪之前，世界各地大多使用一种普遍存在的燃料——鲸鱼油——来照明。这催生了庞大的捕鲸业，而工业革命中所有新工厂对机械润滑油的需求使得捕鲸业变得更加庞大。没有哪个国家像美国那样痴迷于捕鲸，也没有哪个国家如此成功。

马萨诸塞州的新贝德福德被称为“照亮世界的城市”，新英格兰的捕鲸船队穿越公海捕鲸可以赚取巨额财富。捕鲸业在美国经济中扮演着不可或缺的角色，以至于独立战争时期的英国人、南北战争期间的南方联盟，都曾袭击过合众国的捕鲸船队。

此外，捕鲸业对国家的经济和政治生活也产生了巨大的影响。在现代石油工业出现之前的很长一段时间里，鲸油工业在殖民地时期和共和国早期都占据着统治地位。埃里克·杰·多林在他的捕鲸史著作《利维坦：美国捕鲸史》中写道："到19世纪中叶，捕鲸带回的鲸油和鲸骨的价值使捕鲸业在马萨诸塞州成为仅次于鞋业和棉花业的第三大产业。一项经济分析指出，它是全美第五大产业。"（作为参考，以对GDP的贡献衡量，如今美国的第五大产业是耐用品制造业，产值超过所有零售业、建筑业，甚至联邦政府财政收入。）

如今，美国（包括新贝德福德）仍有大量船只专门用来寻找和"捕捉"鲸鱼，只不过现在的"捕捉"是由相机完成的，而你很可能只能在博物馆里找到鱼叉。到了21世纪，美国不再在捕鲸领域处于领先地位，而是在观鲸方面独占鳌头。

那么，捕鲸业作为南北战争前美国最强大的游说团体之一，这个如此强大的行业是如何从占据支配地位变为无关紧要的呢？

讲述一个关于动物遭受苦难和可持续发展问题的故事并不难，不外乎是伟大的男人和女人代表鲸鱼英勇奋战，击退了化身"歌利亚"* 的捕鲸业。事实上，人们很早就从伦理道德角度对捕鲸业表示出担忧，这主要与捕鲸者屠杀猎物的无情效率有关。一些人警告说，这种屠鲸战争可能会让海洋中的鲸鱼灭绝。

1850年，《檀香山友人报》的编辑收到了一封署名为"弓

---

* 歌利亚（Goliath）是传说中著名的巨人，被年轻的大卫王打败，出自《圣经·撒母耳记上》，是西方故事中以弱胜强的励志经典。

头鲸”的信。在信中，它恳求迫害弓头鲸的人饶恕它们。这封信的鲸类作者哀叹它的许多鲸鱼同类被冷血地杀害。它写道，鲸鱼们最近召开了一次会议，“就我们的安全问题进行了磋商，如果可能的话，会以某种方式来避免或将降临到全世界所有鲸类头上的末日”。它接着写道：“我代表我被屠杀和濒临死亡的同胞们写这封信，向所有鲸鱼的朋友们发出呼吁。难道我们都要被谋杀吗？我们的种族一定要灭绝吗？难道就没有朋友和盟友为我们的冤屈报仇吗？”

鲸鱼很快就会实现它们的愿望，但不是因为上面这位早熟的“鲸鱼写信人”列举的原因。捕鲸业的衰落即将开始，在短短几十年内，捕鲸业就从巅峰走向了几乎默默无闻的境地。

1861 年 4 月出版的杂志《名利场》上刊载了一幅非常生动的漫画：舞厅里挤满了庆祝的鲸鱼，它们都打着黑色的领结，一些鲸鱼举起酒杯，另一些欢快地碰杯。舞厅里挂满了横幅，其中一条写道：“我们不再为我们的‘鲸脂’哀号。”

这些鲸鱼庆祝的原因很简单：它们要感谢一位富于创新精神的企业家——加拿大地质学家亚伯拉罕·格斯纳（Abraham Gesner）。

如今，硅谷投资者对“颠覆”这样的时髦词青睐有加。如果风险投资者知道格斯纳，他们一定会为他的煤油专利不顾一切地掏空钱包，投资他刚刚商业化的产品。

从石油中提取的煤油，提供了比鲸油更好、更实惠的选择。1854 年，当格斯纳将煤油商业化时，美国捕鲸船队每年在全球公海屠杀的鲸鱼超过 8000 头。但在接下来的几年里，随着越来越多的美国人用煤油而不是鲸油来照明，整个 19 世纪上半叶，

原本每年都在增长的捕鲸船队数量开始迅速收缩。1846 年，美国的捕鲸船数量高达 735 艘，在短短 30 年内，这个数字就减少到了 39 艘。（有限的捕鲸活动主要为女性紧身胸衣市场提供鲸骨，然而到了 20 世纪初，鲸骨也被弹簧钢的发明淘汰。）

没错，在短短 30 年内，捕鲸业遭到重创，规模萎缩了 95%，这在很大程度上（尽管不是全部）是因为出现了更好、更便宜的产品并彻底取代了它。这主要归功于格斯纳的创新，以及随后石油的大量发现，无数鲸鱼得以幸免于惨死，甚至灭绝。正如多林所写："从地下喷出的黏稠的黑油带来了一个无法回避的挑战：石油资源变得如此丰富，用途如此多，价格如此低廉，很快在许多方面取代了鲸油。"由于自由市场经济中的创造性破坏精神，煤油灯行业也尝到了自食其果的滋味，它后来被托马斯·爱迪生的电灯泡消灭。

城市的街道上也发生着类似的故事。街道曾经充斥着鞭子的噼啪抽打声和人的叫喊声，都是针对冒着严寒酷暑、风霜雨雪辛勤运送乘客和货物的不幸马匹的。

美国的动物福利运动主要由亨利·伯格（Henry Bergh）等先驱在 19 世纪 60 年代末发起。他对每天公开和明目张胆地虐待马匹的行为感到痛惜，因此在 1866 年成立了美国防止虐待动物协会。像伯格这样的动物福利斗士为各种改革而奔走：给马修建水站、强制规定休息时间、设置安息日休息日等等。

纽约市的马太多了，作家杰夫·斯蒂贝尔在其著作《断点：互联网进化启示录》中提到，1880 年，美国政府委托成立了一个专家委员会，预测纽约市到 1980 年会是什么样子。专家们一致预测：纽约市将在 100 年内不复存在，被埋在一堆马粪下。根

据他们的计算，考虑到这座城市不可持续的人口增长率，马匹劳动力的数量需要在100年内从20万增加到600万。纽约市已经承受着每匹马每天向街上排泄20多磅粪便和超过1加仑尿液的重担，若马的数量再增加30倍，会使这座城市变得没法居住。

然而，最终把街道上的马匹从劳作中解放出来、把纽约市从马粪中拯救出来的，既不是人性化的情感，也不是人们对环境的关注。就像煤油拯救了鲸鱼一样，内燃机的普及使汽车取代了马匹，成为我们的主要交通工具。拯救马匹的是发明家的想象力，而不是社会运动中的道德辩论。而且，也不是公众在汽车出现之前就吵着要车。正如亨利·福特的那句名言："如果我问人们想要什么，他们会说想要跑得更快的马。"

直到今天，我们仍然在用"马力"这个术语来描述汽车的动力强度，不过多亏了马匹在很久以前就被创新技术解放，并被美国及至全世界迅速接受。美国人道协会首席执行官韦恩·帕切尔（Wayne Pacelle）在《人道经济》（*The Humane Economy*）一书中写道："19世纪末和20世纪初，为大幅减少对马匹的虐待做出贡献的主要是亨利·福特，而不是开着车的美国防止虐待动物协会创始人亨利·伯格。"

新的汽车业创造了相当一部分就业岗位，但也摧毁了另一些行业的就业机会。随着马车的消亡，一些辅助行业也随之没落。从马鞭生产者到为马匹提供饲料的干草种植者，在短短几十年内，这些历史悠久的行业就变成了一介空壳。

时代发展到今天，这些历史上的例子沉重地印在了许多社会改革者的脑海中。如果想解决当今世界的社会问题，从非营利性工作、政策或政治等传统职业途径入手，还是在科技、工

程和创业等营利性领域产生影响会有更多的机会？对我来说，前者无疑是重要的（毕竟，我在职业生涯的大部分时间里都是一名政策倡导者），但问题是，只要人们需要真正的肉，市场就会供应。而从全球来看，对肉类的需求只会增加。

是否有一天，我们会觉得工厂化农场就像捕鲸船一样过时，屠宰场就如马车一样古老？这正是细胞农业的从业者所期待的，也是一位年轻的理想主义者在了解肉类生产是多么不可持续后，决定发起一场运动的缘由。

印度见闻

2002 年，27 岁的约翰·霍普金斯大学公共卫生专业研究生杰森·马西尼在“阿瓦汉项目”（Avahan project）找到了一份工作，该项目由比尔及梅琳达·盖茨基金会发起，致力于降低印度的艾滋病毒感染率。马西尼的任务是努力使这项艾滋病毒控制项目更有效，以避免人们遭受重大痛苦并挽救生命。

马西尼收拾好简单的行装，向印度次大陆出发。接下来的 6 个月，他将在世界上最贫穷的一些社区工作。他在“阿瓦汉”的工作主要是收集并处理数据，这很符合这位年轻研究员的分析思维。然而，就在目睹了被他称为“着实难以忍受的人类疾苦”的同时，他又多次被印度如此之多的动物正在忍受的“触目惊心的苦难”惊呆：除了长满疥癣的流浪狗，还有大街上游荡的饥饿、无主的牛群，这些牛经常因为摄入塑料袋而死于肠梗阻。

让他感到聊以慰藉的是，印度受苦的动物仅限于流浪动物，远比不上他所说的“美国农业系统宣判数十亿美国家畜为不值

得一活的生命”。这很令人不安，但至少没有系统化。

他原以为是这样。

几个月后，马西尼访问了新德里郊外的一个村庄。太阳落山时，他坐在一间简陋的棚屋里，采访一位丈夫死于艾滋病的女性。看着失去父亲的孩子们，听着他们的母亲哀叹自己挣的钱不足以养活所有孩子，马西尼几乎要崩溃了。

“天气很热，我可以感觉到自己因为出汗太多几乎要握不住笔，”他回忆说，“她的叙述让我心烦意乱，我的字迹也越来越难以辨认。我记得那时脑子里有个念头：这里怎么连点儿风都没有？”

就在那一刻，仿佛他能召唤大自然似的，一股柔和的风从小屋敞开的门吹了进来，让马西尼从不适中得到了短暂的喘息。但这种解脱并没有持续太久，他几乎立刻就闻到一股强烈的恶臭随风飘来。

感觉到他的厌恶，寡妇抓住他的手。“对不起，”她说，“这只是鸡的臭味。”

“真的吗？”他来了兴致，问道，“是鸡粪吗？”

“嗯，”她低下头，“很多鸡粪。”

他询问是否可以去看看这些鸡，于是寡妇把马西尼带到外面，指着300码外一处长长的、没有窗户的仓库。这几乎是当地最典型的养殖场。

那建筑看起来就像美国的工厂化农场。巨大的风扇在建筑物的尽头疯狂旋转，将一股人造风吹向一侧，并将有毒的烟雾从另一端排出。主人领着他走近时，恶臭变得更加严重了。在走了一小段路到达气味来源后，她打开了门，马西尼被里面的

景象惊呆了：数以万计的白色小鸡像毯子一样铺满了整个地板，每只鸡之间几乎没有多余的空间，以至于很难注意到它们下面由垃圾和粪便组成的棕色地面。天花板上的灯泡发出昏暗的光线，只能让人看清这些是鸡，马西尼必须很费劲才能一只只看清它们。

马西尼的眼睛已经被空气中的粪便氨气熏疼了，他能看到的只是一堆动物。人连下脚的地方都没有，所以很难不踩到鸡。这时，主人匆忙走了进去，招呼马西尼进入仓库，好像没什么值得大惊小怪的。

鸡群四散，叠在彼此身上，为它们的访客让路。它们挤在一起，许多小鸡甚至来不及躲避就被挤倒了。就在小鸡们争夺空间时，有一只鸡被其他小鸡踩在脚下，仿佛断气了一般。

马西尼在仓库里只待了几分钟，但这段经历给他留下了不可磨灭的印记。“我本以为工业化的畜牧农业只出现在发达国家，但这些鸡就是活生生的反例。”

那天晚上，马西尼回到德里的简陋公寓，利用晚上才可靠的电力供应钻研起了联合国粮农组织的网站。作为一名素食主义者，他知道印度有着悠久的素食主义历史，但他惊讶地发现，随着印度从第三世界中崛起，印度的肉类消费，尤其是鸡肉的消费也随之飞涨。在中国等其他人口众多的国家，情况也是如此，这些国家的肉类消费量曾经都相对较低。

“这就像在海洋中感觉到了地震，并知道海啸很快就要袭击陆地，”马西尼比喻说，“我开始意识到，未来几十年几乎所有人口增长都将来自发展中国家，即使我们能够抑制美国和欧洲的肉类需求，但若不阻止发展中国家肉类消费量的增长趋势，

多种疾病、环境危害和动物痛苦将会掩盖人口增长带来的优势。我想知道，是否有某种技术可以解决这个问题。”

几个月后，马西尼回到美国，他仍在思考要做些什么才能使地球摆脱这种令人不安的不可持续的困境。作为一名真正相信技术能够改善社会的人，他经常浏览一些介绍最新和最伟大技术进步的网站。那年晚些时候，一个特别的标题引起了他的注意：“体外可食用肌肉蛋白生产系统（MPPS）”。

文章说，1999 年至 2002 年间，美国国家航空航天局（NASA）资助的一组纽约研究人员，将少数未来学家只能幻想的丘吉尔在七十多年前对实验室培植肉类的预言变成了现实。在纽约市托罗学院的莫里斯·本杰明森（Morris Benjaminson）的带领下，他们从一条金鱼身上分离出肌肉细胞，并将其在金鱼体外进行培养。方法只是取几段金鱼骨骼肌，将它们浸泡在会促使肌肉生长的各种营养物质中，就这样真的培植出了鱼肉。研究人员还烹饪了培植出来的鱼肉，并观察其状态和气味——与传统的鱼相似——尽管他们并没有品尝，因为这种肉还没有得到食品和药物管理局的认可。“他们的目标是让宇航员在太空中培植肉类，”马西尼回忆道，“但我在读这篇文章时一直在想：‘在太空？为什么不在地球上这样做呢？’”

他开始浏览文献，试图找到关于在实验室里培植肉类以供地球上的人类食用的相关文章。一无所获后，马西尼给这篇论文的作者和其他组织工程学家发了电子邮件，询问为什么没有任何关于大规模生产体外肉的论文。

大多数人都回复了，内容大致相似：为什么要这么做？如果人们想要肉类的替代品，他们吃豆制汉堡就够了。

作为豆制品的狂热消费者，马西尼确实希望人们选择豆制品或其他植物性替代品，但他知道，像全球肉类消费增长这样的大问题，需要的不仅仅是一个可能的解决方案。就像如今化石燃料有许多可再生替代品（如太阳能、风能、地热等），对于工厂化动物养殖来说，也会有多种替代方案吗？**不管出于什么原因，尽管有便宜又营养丰富的素食存在，但似乎每当人们开始摆脱贫困时，便会开始在饮食中添加更多的肉类。**

"人类真的很喜欢吃肉，"他说，"对很多人来说，这是一个很难改掉的习惯。已经有资源投入到推广和改进植物肉上，但没有人考虑是否投资培植真正的动物肉是工厂化养殖的可行替代方案。"

马西尼还指出，当时，尽管人们越来越多地意识到工厂化养殖的弊端，但美国的肉类消费依旧上升，而不是下降。而且正如上一章提到的，虽然美国的肉类消费总体上有一定程度的下降，但仍然是一个爱好肉类的主要国家。简而言之，这个问题是（而且将持续是）如此迫切和严重，我们没有时间等待人们的饮食偏好大规模地转向植物性食物。

"你可以花时间去说服人们随手关灯，"马西尼观察到，"或者，你也可以发明一种更节能的灯泡，即使不关灯，它也只会消耗很少的能量。我们需要的是一种更加有效的获取肉类的方式。"就像格斯纳之于鲸油、福特之于马匹和马车，马西尼想通过开发一种能够满足消费者对肉类需求的替代品来淘汰传统肉类。

“牛排选举”

在第二次世界大战期间，美国人为了支援驻外部队，开始习惯于肉类配给制。战争结束，美国战胜德国和日本后，其经济飞速发展，但肉类供应问题依然存在。

战时政府制定了肉类价格上限，许多农民因担心亏本而选择不生产肉类，但美国人出于击败轴心国敌人的共同愿望，愿意忍受肉类较少的饮食。然而，战争结束后，限价措施被取消，肉价暴涨也就不足为奇了。在 1946 年的中期选举期间，杜鲁门总统为了挽救民主党的颓势，再次采取了强制限价的措施，但这一次却无法依靠爱国主义鼓励农民以不合理的低价生产肉类。被激怒的肉类游说团体进行了报复，要求生产商停止将动物送去屠宰场。

《时代》杂志的埃米琳 · 鲁德（Emelyn Rude）在 2016 年写到了这一事件:“矿工们宣称如果没有更多的肉，他们就不能工作，并开始在华盛顿罢工。医院散布丑闻，声称它们只能找到马肉供给病人。人们在营业的肉铺外排起了长队，队伍延伸到几条街之外，导致顾客们相互推搡和抓挠。”整个国家都处于紧张状态。《时代》杂志当时甚至就这一话题发表社论，将所谓的“大范围肉类饥荒”直接归咎于杜鲁门。（请记住，20 世纪 40 年代的美国被认为的高肉饮食如今则会被看作少肉饮食，因为人均肉类消费量自那时起一直都在增加。）

国会中的民主党成员恳求总统对肉类危机做点什么，并声称这是选民们关心的唯一问题。共和党人则在竞选活动中传递了支持肉类供给的信息，向被剥夺了真肉的选民抛出了红

肉的隐喻。来自俄亥俄州的共和党众议员约翰·沃里斯（John Vorys）在一次竞选演讲中问道："有足够的肉吃吗？" 这很快就成为一次竞选集会上的口号。众议员萨姆·雷伯恩（Sam Rayburn）甚至把 1946 年的中期选举称为"牛排选举"。

杜鲁门将这一问题归咎于当时的肉类大亨，将他们称为"憎恨富兰克林·罗斯福及其所支持的一切的同一群人"，并斥责他们是"一群鲁莽又自私的人"。但这些人打得一手好牌，他们拒绝把动物送去屠宰场，造成了肉类短缺，迫使总统不得不让步，取消了所有的肉类限价。但为时已晚：在很大程度上，由于导致的肉类短缺，民主党失去了对国会两院的控制。

如今，许多美国人已经习惯随时随地都能吃到想吃的食物，使得这个故事在今天看来充满了戏剧性；从中亦可以看出人类对肉类的欲望是多么强烈，而且一旦人们养成了每天吃肉的习惯，要说服他们自愿减少肉类消费将会多么困难。不止在美国，每种培养出多肉类消费的文化似乎都强烈支持这种消费观。就像马西尼在印度的见闻，历史上因过于贫穷而无法维持高肉食率的社会，当其开始富裕起来时，人们做的第一件事就是在饮食中增加更多的肉。

即使是那些几乎没有享受到现代繁荣给发达国家带来的好处（包括高肉食量）的部落居民，他们也经常把自己的福利与能吃多少肉联系在一起。据《国家地理》报道，玻利维亚亚马孙地区的提斯曼印第安人部落认为，肉类对他们的幸福感至关重要。一位母亲通过翻译员告诉记者："没有肉的时候，孩子们都很伤心。"

世界人口不断增加，其中许多人生活在对肉类需求快速增

长的发展中国家。如何避免影响了 1946 年美国政治的“肉类饥荒”再次发生，是一个至关紧要的问题。

如前所述，预测显示，到 2050 年，地球上的人口数量将达到 90 亿 ~100 亿。问题是，随着人口不断膨胀，我们获得其他星球上的资源的机会并没有随之增多。借用天文学家卡尔·萨根（Carl Sagan）的话来说，地球只是太阳系中的一个淡蓝点，但如今正在被我们以惊人的速度剥削——我们正在清空海洋中的鱼类，把森林夷为平地、变成农田和牧场，以供畜牧业使用。

如今，根据联合国粮农组织的数据，地球上超过四分之一的无冰土地被用来放牧，三分之一的耕地被用来喂养家畜。正如《新科学家》杂志于 2017 年的报道：“如果我们下定决心不再使用动物蛋白，那么大部分农田就会从生产中解放出来，为野生动物腾出大片栖息地。”另一方面，如果地球上数十亿新增人口中的大多数人都希望吃到曾经的富人吃的食物，那么我们要去哪里生产这么多肉呢？

虽然绿色革命也许能让我们在扩张人口的同时不至于发生全球饥荒，但是它的设计师诺曼·博洛格（Norman Borlag）也警告说，像他的小麦杂交技术这样的进步也很难应付不断膨胀的人口。在接受 1970 年诺贝尔和平奖的获奖感言中，这位被誉为将 10 亿人从饥饿中拯救出来的人，以一种沉重但充满希望的语气结束了演讲：

> 绿色革命在人类战胜饥饿和食物匮乏的战争中取得了暂时的胜利，它给了人类一个喘息的空间。如果全面实施，这场革命可以在未来 30 年内提供足够的食

> 物以维持生计。但是，人类可怕的繁殖力也必须得到遏制，否则，绿色革命的成功将只是昙花一现。大多数人仍然没有认识到“人口怪物”的规模和威胁……然而，由于人类都是有潜在理性的，我有信心在未来20年内，人类会认识到不负责任的人口增长将导致自我毁灭，并能将人口增长率调整至可让全人类过上像样生活的水平。

目前看来，博洛格对人类理性的信心似乎是毫无根据的。在他发表这一讲话后的近50年，人类人口持续增长，而且也没有迹象显示在未来的几十年里会减少。在我们没有能力减缓或扭转这一趋势的情况下，现在是时候开始认真思考我们要如何养活未来的自己了。正如好食品研究所的布鲁斯·弗雷德里克在2016年《连线》杂志上所写：“如果我们继续依赖一个效率低下、污染严重的粮食生产系统，我们将既无法养活全世界的人口，也无法避免气候灾难。个人的改变固然重要，但制度性的改变更重要。”

寻找合作

马西尼希望激发的正是这种制度性的变革。在2002年偶然看到NASA关于体外肉类生产的最初研究后，他持续与该研究背后的科学家们通信。在阅读了越来越多关于组织工程的文献后，他和其中一些科学家开始相信，在动物体外培植真正的肉的确是可以做到的。

与此同时，2003 年，一位名叫奥隆·卡茨（Oron Catts）的澳大利亚艺术家和一位从事组织工程的朋友约纳特·祖尔（Ionat Zurr）博士，决定在体外培养青蛙腿部肌肉，并将其作为艺术展览的一部分，提供给法国的食客品尝。据报道，虽然品尝者们厌恶地吐掉了这种肉，但这次有争议的展览却如卡茨所愿上了新闻头条，他的项目吸引了马西尼的注意，更激起了后者的兴趣。“青蛙腿似乎也不怎么能引起我的食欲，但它无疑证明，你可以用几乎所有动物来进行体外培植。”马西尼说。

马西尼想起曾经参观过的一家啤酒酿造厂，幻想着牛肉“酿造厂”也能大量生产干净且安全的肉类，同时将动物从工厂化农场中解放出来，让地球从迅速增长的全球肉类需求量所带来的经济和环境灾难中得到必要的缓解。

他需要做的就是激发人们对此产生足够的兴趣，让资金流向正确的研究领域。为此，马西尼于 2004 年成立了第一个致力于促进研究动物体外培植真正肉类的组织。在与一些可持续发展和动物福利领域的朋友进行了非正式的焦点小组讨论后，他确定了组织的名字：新丰收。“这个名字真正体现了我所要实现的目标：为人类带来一种新型的丰收——能让我们用安全且营养的食物养活自己，同时又不破坏地球的丰收。”

新丰收的首要任务就是让各国政府和其他潜在的资助者像马西尼一样，对实验室培植肉类的前景感到兴奋。他努力争取美国农业部的关注但没有取得进展，可能是因为该机构长期以来一直倡导增加美国家畜的产量，也可能是因为并没有一家公司致力于实验室培植肉类领域，这样的研究似乎与农业部的利益相去甚远。无论出于什么原因，马西尼都没能吸引到受众。

于是，他开始向其他国家的政府寻求支持。欧盟一直对某些新食品科学的应用持极度怀疑的态度，比如转基因作物；但欧盟似乎确实比美国更愿意对畜牧业进行监管。多年来，出于对环境和动物的担忧，欧盟采取了改革措施，这可能意味着欧盟将对更环保的蛋白质生产方式持开放态度。马西尼了解到，荷兰在其政府中一些坚定的环保主义者的压力下，多年来一直在研究从植物而非动物中提取蛋白质这种替代来源。为此，荷兰政府还发起了一个名为“蛋白质食品、环境、技术和社会”（PROFETAS）的项目，倡导将豌豆蛋白作为未来的一种高效蛋白质，部分原因是豌豆在荷兰很容易种植。

在创立新丰收后，马西尼写信给 PROFETAS，询问他们为什么不考虑“体外肉”。该项目的领导对马西尼的建议很感兴趣，特别是因为他们一定已经知道，一位古怪的荷兰科学家威廉·范·艾伦（Willem van Eelen）多年来一直在尝试培植肉，但一直没有实质性进展。马西尼熟悉范·艾伦的工作，实际上，他曾多次写信给范·艾伦，但都没有得到回复。

范·艾伦出生在印度尼西亚，父母是荷兰人，他在第二次世界大战中服役期间被日本人俘虏。在战俘营里的他无时无刻不在考虑食物问题，尤其是如何从微薄的食物中获得最大的收益。他看到消瘦得连肋骨都清晰可见的狗向饥饿的战俘们讨要残羹剩饭，这对他来说是一种折磨。范·艾伦幻想着凭空制造出肉，这样就不会有人挨饿了。

战后，范·艾伦住在阿姆斯特丹，攻读医学学位。在此期间，他在一门课中学到真实的肌肉可以在体外增加重量。他想，既然肉主要由肌肉构成，为什么我们不能用这种方式生产食物呢？

于是，即使在他已经成为一名医生后，几十年来也一直利用业余时间断断续续地研究这个项目，试图让肌肉在体外生长。

最终，在1999年，范·艾伦说服欧盟授予他培植肉基本生产方法的专利。他所做的部分工作包括从动物身上提取整块组织，并使其边缘生长。由于细胞分裂是有限度的，尽管他从来没能让肌肉持续生长，但却成功地增加了肌肉的质量。（该专利不仅限于这一过程，事实上它的潜在用途非常广泛。2017年，清洁肉制品领域的新玩家汉普顿克里克公司买下了此专利。这让范·艾伦的女儿艾拉·范·艾伦 [Ira van Eelen] 兴奋不已，她对父亲的梦想得以实现抱有很大的期待。）

诚然，范·艾伦之前未能说服荷兰政府资助他的研究。当荷兰邀请马西尼出席2004年在瓦格宁根举行的PROFETAS会议时，马西尼也怀疑自己是否能有收获。在那里，这位年轻的美国人设法与荷兰农业部部长进行了一次私人会谈，并在会谈中介绍了政府资助培植肉研究的情况。马西尼认为，如果荷兰人真正想帮助保护地球，植物性蛋白质是一个好的开始。但问题太严重了，不允许我们把所有的希望只寄托在植物性蛋白质上。这就像是不再使用化石燃料，而将所有的研究都放在风能上，却忽略了太阳能等其他清洁能源可能带来的价值。所以，世界需要对实验室培植肉的研究。

在离开荷兰几个月后，马西尼惊喜地得知，他的努力终于得到了回报：200万欧元的资金很快将用于在荷兰三所大学进行相关实验。

荷兰政府的资金承诺对新丰收来说是一个巨大的进步，这激励了马西尼并促使他开始寻求填补这一主题在学术文献方面

的匮乏。他引用医学界多年来开创的组织工程成果，说服了一些医学界的科学家加入其行列，为培植肉制品的大规模生产制定了蓝图。就这样，第一篇概述如何生产培植肉的论文横空出世。

《体外培植肉生产》一文发表在2005年的《组织工程》期刊上。在这篇论文中，彼得·埃德尔曼（Peter Edelman）、道格·麦克法兰（Doug McFarland）和弗拉基米尔·米罗诺夫（Vladimir Mironov）三位组织工程研究人员，与杰森·马西尼一起展示了这项新技术的潜力。科学家们解释了用于生物医学中的组织工程技术更容易在培植肉生产中取得成功，但生物医学工作中的一个主要障碍是，在医学层面创造的组织必须是活的、功能齐全的，才能作为移植物发挥作用。但对食物而言，则只需要肌肉生长就可以了。例如，培育出一个要移植到人体内的肾脏，研究人员需要让这个肾脏接近一个天然的、完全成型的、功能齐全的肾脏，这是很大的技术障碍。他们还指出，培育肌肉只需要从骨骼肌（我们通常吃的肉）中提取细胞并将其分离出来，然后固定在支架上，让它们在增殖时得到支撑，就像在动物体内一样。支架可以由胶原蛋白网或微载体珠子制成，细胞和支架同时在生物反应器（用于细胞培养的钢桶的花哨说法）中旋转，使细胞保持运动和温暖。作者们提醒道，他们设想的技术只能生产碎肉，因为在没有血管输送营养物质的情况下，位于厚实肌肉的中心位置的细胞会失去营养物质并坏死。

虽然马西尼的首要目标是引起组织工程学家的兴趣，但当时他还是马里兰大学的研究生，他知道学校的公关部门会喜欢这则新闻带来的关注。他们的新闻稿确实起到了作用。

“理论上只需要一个细胞就能生产出全世界每年的肉类供应量，”马里兰大学的新闻稿标榜说，“而且这种肉类生产方式对环境和人类的健康更有益。”

一夜之间，马西尼基本上成了培植肉运动的代言人。很快，从《华盛顿邮报》、美国国家公共广播电台到哥伦比亚广播公司晚间新闻和《牛肉》杂志（牛肉业的行业刊物），到处都引用了他的话。他还在《牛肉》杂志上大胆提出，**“也许美国未来的农民是微生物学家，而不是牧场主”。**

《纽约时报》在其“年度创意”专题中介绍了马西尼。《发现》杂志将“体外肉”评为2005年最值得关注的科技故事之一。当问到马西尼，人们是否会对吃实验室里培植出来的肉犹豫不决时，他反驳说：“给鸡打生长激素，并将一万只鸡饲养在一个棚子里，这是不天然的。随着消费者受教育程度的提高，实验室培植肉也会越来越有吸引力。”尽管如此，这么多年过去了，在几乎每一次关于这个话题的谈话中，马西尼仍然会被问到同样的问题：真的会有人吃这样的东西吗？

媒体的广泛关注让马西尼开始有机会前往美国各地讨论培植肉研究的好处。他甚至成功地吸引了泰森食品（Tyson Foods）和珀杜农场（Perdue Farms）的注意，它们是全世界最大的两家肉类生产商。马西尼建议它们拨款进行自主研发，并在将第一批培植家禽肉推向市场上彼此竞争。马西尼还问道，世界上最大的猪肉生产商史密斯菲尔德食品（Smithfield Foods）的荷兰子公司支持荷兰的培植肉研究，他想知道美国的同行是否也会这样做。

家禽生产商告诉他，虽然许多人认为他们的公司从事的是

动物生产业务，但他们实际上认为自己从事的是蛋白质生产。对他们来说，蛋白质从哪里来并不重要，只要健康、安全且有营养即可。一想到要让这些肉类行业的“歌利亚”参与进来，马西尼就觉得很有诱惑力，因为他知道这些巨头可以带来研发资源，这将使政府和学术界迄今用于培植肉研究上的有限支出相形见绌。所以他提出了自己的观点，并做好了应对的准备，家禽生产商的代表们礼貌地倾听，但在通话结束时表示，现在采取行动还为时过早。

从许多方面来说，他们的决定是可以理解的。因为在当时，这一概念还处于起步阶段，技术也仅仅处于理论阶段，消费者是否愿意购买这样的肉的想法还远未明确。而这些公司已经拥有将肉送上餐桌的行之有效的方法，对它们来说，培植肉看起来更像是动画片《杰森一家》中的片段，而不是它们会追求的合理的商业理念。

马西尼没有退缩，在整个2005年里，他与科技和食品界其他举足轻重的人进行了接触，并有幸参观了美国国家航空航天局资助的纽约研究人员的实验室——三年前，就是这个实验室激发了他对整个项目的兴趣。

尽管并不确定会有什么结果，但他确实希望能找到比他的发现更宏伟的东西。然而，激发他对体外肉产生兴趣的起源之地毫不起眼——三年前金鱼肌肉生长的地方只是两张叠在一起的小桌子而已。马西尼回忆说，桌子小到根本坐不下4个人。

当他与研究人员聊天时，马西尼盯着那两张小桌子，幻想着它们在不久的将来能催生出大型肉类酿造厂。

在与风险投资家和农业企业家的会面中，马西尼在描述体

外肉时遇到的最大阻力就是它是“不天然的”。他觉得这个批评非常令人沮丧。“坐飞机、使用电子邮件、开空调、阅读书籍、吃生长在世界另一端的食物……这些都不是天然的，都是人类存在的时间轴上出现的新生事物，”马西尼指出，“我们应该庆祝这些创新，感激它们让我们的生活变得如此美好。”

命名之争

尽管如此，人们在听到实验室培植肉这样的事物时，还是很难摆脱最原始的反应。2005年，欧盟委员会对未来潜在的技术应用进行了民意调查，询问民众对各类技术应用的看法是完全赞成、部分赞成还是完全不赞成。或许是为了回应马西尼，委员会提出了一个问题，即欧洲人是否赞成“从细胞培养物中培植肉类，这样就不必屠宰家畜”。超过一半的受访者表示他们“永远不会”赞成，但有四分之一的人表示在某些情况下赞成或任何情况下都赞成。令人震惊的是，比起在实验室里生产肉类，更多的人赞成“为孩子们开发一种能识别其天赋和弱点的基因检测”，甚至“使用基因检测生产出可以作为骨髓捐献者的孩子”。消费者对培植肉的怀疑可能源于他们对这项技术缺乏认识。毕竟，早在2005年，马西尼是极少数倡导该领域研究的人之一，没有人（除了参观过奥隆·卡茨的青蛙腿艺术展的人）品尝过动物体外长的肉。也有可能是这个问题的设置方式导致了更多的负面答案，因为正如我们将在后文中会看到的，最近的民意调查为这个问题提供了更完善的背景，也得到了更多的支持。

无论如何，基于这样的结果以及随着马西尼接受的媒体采访越来越多，他清楚地意识到，这么多人感到恶心的原因与术语有关。虽然他一直将这种假想的食物称为“体外肉”，这个术语在科学上是准确的；但他意识到这类似于将食盐称为“氯化钠”，虽然从技术上讲没有错，但很难具有诱惑力。每当他提到“体外肉”时，人们立刻就会想到体外受精，没有多少人愿意在考虑三明治里的肉时联想到婴儿。马西尼需要为这种肉起一个新名字，能让全世界的消费者在未来某一天都喜欢上这种肉。

他曾经和朋友以焦点小组的形式讨论出了“新丰收”这个名字，这一次也一样，马西尼回到非正式焦点小组，打算为这种肉起一个更好的名字。“实验室培植肉”“试管肉”和“合成肉”都属于同一类，会产生一种“令人作呕”的因素，让人们立即对这种食物产生偏见。为了吸引有环保意识的食客，其中一个建议是“绿色肉类”，不过很快他们就意识到，这个名字的最好结果是让人联想到苏斯博士*，最坏的结果则会让人联想到腐肉。作为对“体外肉”的一种戏称，一位朋友开玩笑地建议直接叫它“肉外肉”。

有一段时间，马西尼喜欢“水培肉”这个名字。因为那时数以百万计的美国人已经习惯了购买水培西红柿，有些人甚至能正确地将它们与较少的用水量联系在一起。但这个名字仍然太技术范了。想象一下没有土壤就能种出西红柿并不难，但没有动物就能生产出肉？更有趣的是，一位朋友当时还提醒他，

---

* 苏斯博士（Dr. Seuss）是美国著名的儿童天文学家、教育学家，创作了诸多在西方家喻户晓的绘本，其中一本是《绿鸡蛋和绿火腿》。

由于说唱歌手史努比狗狗，“水培”这个词对整整一代年轻人可能有着截然不同的含义。

“没有脚的肉”“好肉”“栽培肉”“清洁肉”……名单还很长。为了致敬历史，他们甚至讨论过“丘吉尔肉”，尽管将这种食物与一个已去世几十年的人联系在一起不会是最受欢迎的选项。几年后，《科尔伯特报告》其中一集讨论了这个问题，并把这种肉称为“死肉”（schmeat）*，只不过科尔伯特将其戏称为“屎肉”。2013年，《牛津词典》甚至将“死肉”评为年度第二新词。

最终，马西尼的小组选择了“培植肉”这个名称。美国人习惯于食用酸奶、啤酒和酸菜等酿造类产品，这个术语让人觉得能够增加消化道健康，也给人一种精致的感觉，与低档次的传统肉类形成对比。“体外肉”在历史书中获得了一席之地，但马西尼认为现在是时候让它尘封起来了。（威廉·范·艾伦反对除了简单的“肉”之外的任何名字，因为他认为这就是肉，不需要特殊的称谓。）

在接下来的10年里，一定程度上是因为马西尼带头使用“培植肉”，基本上细胞农业领域里的每个人都开始采用这个术语。2011年，在一次由马西尼协助组织的瑞典会议上，该领域的研究人员正式同意了这一名称的转变。从那时起，业内人士开始参加诸如命名为“国际培植肉会议”的研讨会，研究人员发表的论文题目类似于“干细胞培植肉：挑战与前景”。如果你在维基百科上输入“体外肉”，它会自动跳转到“培植肉”的页面。

但在正式更名6年后，一些培植肉的倡导者并不太确定“培

* 原意指不依靠骨骼而生长的肉。——译注

植”是不是最合适的术语。虽然比“培养皿肉”和“实验室培植的汉堡”要好得多，但“培植肉”可能会让消费者感到困惑，把它想象成像奶酪或酸奶一样是发酵出来的。更重要的是，许多人仍会对“培植肉”这个词有负面反应。

随着培植领域从肉类扩展到皮革、鸡蛋、牛奶、丝绸等，“培植动物制品”偶尔会被“细胞农业”这个更有趣、更准确的名称所取代。2016 年，新丰收举办了有史以来第一次以“体验细胞农业”为主题的会议，有人开始怀疑这是否会成为这种食物的代名词：细胞肉、细胞蛋等。当时出席会议的以色列培植肉公司超级肉类的罗宁·巴尔（Ronen Barel）对我开玩笑说：“细胞肉？还不如叫它癌症肉呢。”

但关键是，从来没有人对这个问题进行过任何实际的消费者测试。“培植”一词之所以成为首选术语，是因为研究这一问题的科学家们认为它听起来最好，却从来没有进行过民意调查。直到 2016 年，好食品研究所才进行了第一次消费者调查，以确定在向公众谈论这项新技术时，使用什么词是最合适的。该调查测试了由领域内顶尖科学家提供的 5 个术语：“培植肉”“纯肉”“清洁肉”“安全肉”和“肉 2.0”。（甚至没有人建议“细胞肉”。）

结果很明显：在好食品研究所进行的两项调查中，就消费者接受度而言，“培植肉”在 5 个词中排名第四。排在首位的是马西尼在 2005 年考虑过但最终决定放弃的一个词：清洁肉。

有趣的是，早在 2008 年，就有人开始使用“清洁肉”。卫斯理大学心理学教授斯科特·普劳斯（Scott Plous）在《纽约时报》上发表了一封致编辑的信，对《纽约时报》称这种肉为“假肉”（fake meat）表示愤怒，他在信中抗议道：“从动物组织中培育

肉类的商业开发，生产出来的并不是‘假肉’，就像克隆的绵羊不是假羊一样。恰恰相反，基于实验室的技术有可能生产出更纯净的肉，不受生长激素、杀虫剂、大肠杆菌等细菌或食品添加剂的污染。因此，生产出的最终产品的更准确名称应该是‘清洁肉’。”

好食品研究所的布鲁斯·弗雷德里克向该领域的同事们解释，“清洁肉”一词类似于将可再生能源称为“清洁能源”。一般来说，清洁能源是指太阳能、风能、地热能等各种环境友好型能源。由于培植动物制品需要的资源要少得多，而且与饲养和屠宰动物相比，对气候变化的影响也小得多，所以清洁能源的类比似乎很合适。

弗雷德里克断言，更重要的是，这种肉不含大肠杆菌和沙门氏菌等肠道病原体，食品安全的优势让“清洁”的标签更加贴切。传统肉类通常充满细菌，生肉接触过的台面必须进行消毒处理。与传统肉类不同，清洁肉以生肉的形式处理是完全安全的，因为比起肉本身，污染的风险更可能来自于你自己的手。

弗雷德里克注意到，当开始使用“清洁肉”这个术语后，大众的反馈比过去使用的“培植肉”要好得多。说到在动物体外培植的肉时，他通常得到的回应是“呃……”，而现在人们的反应变成了反问是什么让肉变得更干净。这让他能够讨论清洁肉的好处，而不仅仅是它的生产方法。

在由我协助组织的一场于华盛顿特区举行的会议“食品的未来”上，我亲眼目睹了弗雷德里克所描述的事。弗雷德里克与苏茜·温特劳布（Susie Weintraub）一起参加了一个小组讨论，后者是全球最大的餐饮服务公司康帕斯集团（Compass Group）

负责战略营销和质审部的执行副总裁。2016 年,《财富》杂志将温特劳布评为“食品行业最具创新精神的女性之一”，她经常被认为是食品行业最具权威的人之一。当弗雷德里克谈到为什么好食品研究所喜欢“清洁肉”而不是“培植肉”的称呼时，温特劳布立即做出了积极的反应。她对着人群大声说:“我很高兴听到我们已经从培植肉转向了清洁肉……就是这些小事，像把‘实验室生长的肉’——太糟糕了，对吧？——改为一个更好的术语‘清洁肉’，让人们对它的接受度高了很多。”

2016 年，财经网站 Quartz 发表了一篇关于弗雷德里克为更名而发起的运动的报道，标题是“为了吸引被实验室制造的肉吓到的人，这是该行业想要的名称”。虽然这个标题没起到什么作用，但报道的内容很有道理。记者蔡斯·珀迪（Chase Purdy）指出:

> 调查显示，影响一个人对某种食物的看法的最大因素，是他们对其口感的“期望”。给健康食品起个有趣、诱人的名字，会增加人们品尝的欲望。为什么不把西蓝花叫作“花椰菜片”，或者叫胡萝卜“X 射线视觉胡萝卜”呢？重新命名食物让它们听起来更有吸引力，让学校食堂的蔬菜销售量增加了 27%。

随后，2016 年动物慈善评估者机构和 2017 年新丰收进行的民意和焦点小组调查，都证实了好食品研究所的发现:“清洁肉”的表现大大优于“培植肉”，细胞农业领域的大多数公司都开始从“培植肉”改名为“清洁肉”。

开始变革

撇开命名争论不谈，在清洁肉成为一种可行的消费产品之前，还有很多事情要做，更不用说将之普及到足以改变食品工业了。新丰收早期的主要工作包括帮助组织关于清洁肉的欧洲会议和其他活动，以提高人们的认识并吸引资金来源。但是，因为马西尼只能在上学和工作的同时利用业余时间独自经营这个组织，因此尚没有取得任何重大进展——没有生产出一克肉，没有成立任何公司，让肉品摆上货架的梦想似乎还很遥远。马西尼于 2009 年毕业，并获得了学士、工商管理硕士、公共卫生硕士和博士学位，开始为联邦机构情报高级研究计划局（IARPA）工作。

马西尼确信技术可以极大地改善福利，而且技术进步的唯一真正威胁会是个全球性灾难。他将更多的精力放在了 IARPA 的工作上，致力于降低战争、流行病和技术事故的风险。与此同时，就在他觉得自己已经顾不上新丰收时，加拿大分子和细胞生物学专业的学生伊莎·达塔尔写了一篇关于清洁肉潜力的论文，并发给马西尼征求意见。

2010 年，《创新食品科学与新兴技术》期刊发表了达塔尔的文章《体外肉类生产系统的可能性》。“体外肉”的名字是摆脱不掉了，但马西尼依然为文章中对这一话题严肃的学术性兴趣感到兴奋。由于达塔尔的热情，她很快开始在全球各地代表新丰收进行宣传。2012 年，达塔尔被马西尼任命为新丰收的执行董事，也是新丰收有史以来的第一名员工。在作为 2013 年 TED x 多伦多的演讲者获得关注后，达塔尔为新丰收吸引了足

够多的资源，足以开始向研究人员提供资助并举办自己的会议。

正如我们将在后文的章节中看到的两家公司——完美的一天（生产牛奶）和克拉拉食品（生产蛋清），都是由达塔尔联合创立，如今为解决商业化主要障碍而进行的一些研究也由新丰收资助。

“用细胞农业对抗畜牧业的困难并不是由于专业知识的缺乏，当然也不是兴趣的缺乏，”达塔尔坐在新丰收位于纽约的简陋办公室里指出，“最大的不足之处很简单，就是缺乏资金。几乎所有用于组织工程研究的资金都投向了医药领域，而不是食品领域。我们需要改变这种情况。”

为此，达塔尔创立了“新丰收培养组织研究员奖学金”，这是与塔夫茨大学的合作项目，该大学的一名学生将在学校的组织工程研究中心攻读博士研究生。娜塔莉·卢比奥（Natalie Rubio）是该项目的第一位研究员，她将在学习结束时获得有史以来第一个细胞农业博士学位。

当认真考虑人们是否会吃她努力推广到这个世界上的肉时，达塔尔充满信心。“如果我们能够接受把家畜当成生物反应器，并有选择地饲养它们，只为最大限度地促进肌肉生长，为什么我们不干脆放弃动物，而寻找能自行生长的肌肉呢？”

同时，达塔尔指出，她想要协助的细胞农业革命，其意义远不止是食物。已经有一些公司生产出人工培植的皮革、蜘蛛丝，甚至麝香香水——都没有用到动物，这些产品可能只是为了让公众适应清洁动物制品这个想法所需要的起步。在许多方面，就像交通运输和家庭照明一样，几个世纪以来依赖动物的行业现在面临着一波即将到来的创业浪潮，试图将现有的模式

淘汰。

马西尼现在是 IARPA 的主任，但仍然是新丰收的董事会成员。2017 年，他坐在马里兰州郊区的一家墨西哥卷饼店里自我反省。他低头看着自己花 6 美元买的米饭和豆子盛宴，再看看周围其他食客塞满肉的玉米卷饼，思考着多久才能用清洁肉填满他们的玉米卷饼。

“我们可以利用技术使一些最迫切的困难变得微不足道，”他认为，“大量食用肉类的习惯是一个严重的问题，许多人只是很难改掉。但清洁肉行业现在有机会为人们提供同样的食物，甚至可能是更好的食物，而不会造成如此多的问题。如果我在帮助实现这一点上能扮演一个小小的角色，那没有什么能比这让我更开心了。”

第3章

实验室中的成果

“他们先是无视你，然后嘲笑你，然后和你决斗，然后你赢了。”

吸引投资

通过在新丰收的工作，杰森·马西尼和伊莎·达塔尔确实在帮助清洁肉的概念进入人们的视野发挥了重要作用。尽管成功地提高了人们的意识，并为研究提供了资金，但他们对实际生产肉类并不感兴趣。换句话说，新丰收的角色更像是一个吹捧内燃机潜能的基金会，而不是像亨利·福特那样，将新的技术带给大众。

达塔尔在执掌新丰收期间辩称，培植肉技术（培植蛋清和牛奶的技术将在第7章中详述）还很新，因此在现阶段，资金更应该用于学术研究，而不是投资于企业。“初创企业基本都会对其知识产权保密，”达塔尔说，“但对于任何一家公司来说，控制培植肉生产方式的知识产权都是一种耻辱。在我看来，在这个时间点上，开源的学术研究将会对促进培植肉科学起到很大的推动作用。等到基础技术足够成熟后，我们再开启竞争。”正因为如此，新丰收如今标榜自己是一家研究机构，它的三名员工为其研究团队提供支持和资金来源。

谷歌和布林－沃西基基金会的联合创始人谢尔盖·布林也

支持这一观点。布林和他当时的妻子安妮·沃西基一起创办的非营利组织布林－沃西基基金会就是为了资助他们认为对世界有益的项目。布林无所畏惧地在从开发无人驾驶汽车到支持小行星采矿研究等各个领域大胆尝试，再加上他长期以来对环境恶化的担忧，改革肉类行业会出现在布林的愿望清单上就不足为奇了。

“未来大概会有三种结局：”布林预测，“其一，所有人都成了素食者，我认为这不太可能；其二，我们忽略传统肉类生产导致的问题，导致环境持续恶化；其三，我们采取一些新的举动。”

要修复业已崩溃的蛋白质生产行业，不乏来自可持续食品倡导者的各种“新”建议。选用当地有机食物、用草喂食、有机种植、在农贸市场采购等，前述几点都被认为是解决工厂化养殖弊病的可行方案。虽然动物福利、环境和食品倡导者的努力已经取得了一些成就，但是传统的肉类生产（即工厂化养殖）仍在美国畜牧业中占据主导地位。美国生产的几乎所有动物制品仍然来自于集中动物饲养操作（CAFOs），主要是因为大多数人都会选择购买最便宜的产品。**也许有一小部分人会在选择食物时多加考虑道德或环境因素，但归根结底，我们大多数人的食物选择主要是基于价格、味道和便利性。**诚然，人们对工业化肉类生产给地球带来的危害有了越来越深刻的认识，但到目前为止，这种认识并没有实质性地抑制人们对 CAFO 肉类的需求。

那些经常在当地农贸市场购物、缴纳会员费购买当地有机产品的人们需要知道的是，沃尔玛销售着全美国 25% 的食品。而在 2013 年，盖洛普的一项民意调查发现，哪怕有超过四分之

三的美国人认为快餐店提供的食物“不太好”或“一点都不健康”，每10个美国人中也有8个人至少每月吃一次快餐，其中有一半人至少每周吃一次。为了消除人们认为的“在快餐店排队的人都买不起更好的东西”这一误解，盖洛普民意调查还发现，收入最低的受访者（年收入不到2万美元）吃快餐最少，而收入较高的人群（年收入超过7.5万美元）吃得最多。

提到这一点并不是要打击农贸市场或其他可持续食品行业所做出的努力。相反，这仅仅是为了说明像本土膳食主义*、有机或非转基因等食品选择趋势可能会引起很多关注，但这种关注还没有促成大多数人转变购买食品的主要方式。在美国，农贸市场上出售的肉类的占比近乎为零，同样，完全草饲的家畜肉类的比例也是微乎其微。换句话说，大多数美国人在多数时候非常满足于从速食公司和大型卖场购买便宜的肉。

同时，一些天然食品爱好者总会对像细胞农业这样的高科技解决方案瞻前顾后，也许清洁肉最终并不适合他们。如果这些人认为清洁肉过于科幻，不符合其对“天然”的定义，他们依然有很多其他选择，就像他们现在已经有了很多选择一样。然而，作为主流肉类消费者的大多数人，一般都不会在购买不卫生和不人道的条件下饲养的动物的肉、使用合成杀虫剂喷洒后的产品、使用由转基因玉米加工的食品时多加考虑。同时，鉴于清洁肉和我们平常习惯吃的肉几乎一样，且更安全、更环保、更人道，因此很难想象大多数人会选择和清洁肉过不去。

当然，清洁肉的另一个优点是不需要动物受苦或被屠宰就

* locavorism，提倡食用居所周边150公里范围内出产的食物。

能生产出来，这一点肯定会吸引至少一部分天然食品爱好者。实际上，许多吃传统肉类的人都会对肉在摆上餐盘之前的过程表示关注，尤其是关于动物被养殖和屠宰的细节。事实上，这也是布林一开始就被清洁肉吸引的原因之一。他说："看到牛是如何被对待的，确实让我感到不舒服。"

在意识到清洁肉可能带来的潜在好处——更不用说这项技术的商业前景了，它足以为工业化肉类生产提供一个可行的替代方案——他开始在该领域寻找有前途的科学家并资助他们的研究。2009 年，他的基金会联系了马西尼。原来，布林曾在前一年看到一篇关于马西尼协助组织在挪威召开相关会议的新闻报道。虽然马西尼并不情愿，但这场会议仍被命名为"体外肉联盟"。（当时一位《纽约时报》的专栏作家开玩笑说："他们可能得考虑改个名字。"）

马西尼当场就提供了一份目前在该领域工作的科学家名单，其中一个人从名单中脱颖而出：荷兰的马克·波斯特博士。他的研究已经被该领域的一小群科学家所熟知，但几年后，他将比马西尼更出名，成为清洁肉运动中的新人物。

波斯特是一名荷兰医生，擅长培育体外组织，他考虑用牛的肌肉细胞进行体外培植已经有了一段时间。与马西尼不同的是，波斯特几乎不算是个素食者，他典型的午餐是在位于外部装饰着一个巨大的神经突触的医学院大楼里的办公桌前尽情享用一块火腿奶酪三明治。但是，波斯特确实认同马西尼对当今肉类行业缺乏可持续性的担忧。"我真的是个单一议题选民，"这位慈祥的教授在他位于荷兰的朴素办公室中写道，"谁对环境更好，我就投谁的票。毕竟，经济时期有好也有坏，但如果地

球被破坏了，我们还剩下什么呢？”

波斯特进军清洁肉领域比布林早了几年，当时荷兰政府成为世界上首个开始资助这一主题研究的政府。早就对这一问题感兴趣的波斯特很高兴能成为这个研究小组的一员。

在位于比利时边境的一所小型荷兰学院——马斯特里赫特大学工作时，波斯特加入到一群与自己兴趣相投的研究人员中。他的同事分别来自阿姆斯特丹、埃因霍温和乌得勒支，由于都有本职工作，他们通常每周只有一天的时间来研究这个项目，但波斯特很快就迷上了这个项目。参与其中的科学家们动机不同——有些人是对提高家畜生产力感兴趣——但波斯特一心只想培植动物肌肉以解决他在意的全球粮食危机。

当时，参与该项目中唯一一个与波斯特有同样热情的是食品化学家彼得·维斯特拉特（Peter Verstrate）。作为肉类加工领域的资深人士，维斯特拉特在 2003 年 3 月了解到了清洁肉的概念，当时他是莎拉·李食品（Sara Lee Foods）公司在欧洲办事处的研发主管。那时，荷兰科学家威廉·范·艾伦对这家公司进行了一次计划外的访问，此前，他曾因在体外培植动物肌肉组织的工作引起了杰森·马西尼的注意。范·艾伦刚刚获得专利（这是清洁肉领域的第一项专利），现在他正在筹集资金建立试点工厂，并着手开始生产。

“以这种方式培植肉类的潜在优势显而易见，”维斯特拉特在会面之后的笔记中写道，“动物福利不再是问题，成本可以降低，肉中营养物质的转化效率更高以及环境优势。”

这个想法引起了维斯特拉特的极大兴趣，于是，他执笔给莎拉·李食品公司的首席执行官和董事总经理写了一份备忘录，

阐述了为什么公司应该接受这个想法。备忘录的开篇就承认了其中的困难之处："实现这一目标需要数年时间，而且需要投入大量人力和财力。"但是，维斯特拉特解释说，如果他们真的相信这是一种可行的肉类生产方法，那么这种方法肯定会商业化，公司应该在一开始就介入，而不是让竞争对手抢占这一优势。"这样我们就能保有控制权，当原材料可用时，我们就能在某种程度上占据优势。"

在向自己的上级解释了以上优点后，维斯特拉特更深入地挖掘了这项技术的潜在影响并呼吁莎拉·李食品公司投入资金，"启动一项旨在结束系统性屠杀动物的项目肯定会获得社会的大力支持，我能想到很多有影响力的机构也会提供支持"。

起初，维斯特拉特的观点并没有引起注意。莎拉·李食品公司的高层对一个看起来更像是玛丽·雪莱（Mary Shelley）的小说情节的想法并不感兴趣，他们认为这并不是一个寻求实际利润的肉类公司应该做的事情。但这位食品化学家坚持不懈，逐渐打消了上级的疑虑，或者至少是他们的抵触情绪，直到莎拉·李食品公司同意成为荷兰政府资助的实验的企业合作伙伴——也是杰森·马西尼曾成功游说的资助项目。

范·艾伦一直进行的研究从未取得任何真正的突破，直到这位先驱在 2015 年以 91 岁高龄逝世，也没能实现货架上出现免屠宰肉类的梦想。许多关于他生平的讣告都称其为"体外肉教父"，其中一篇讣告中还有一张范·艾伦向一头牛脱帽致敬的照片。在生命的最后时刻，他对《纽约客》表示："我喜欢吃肉，我从来都不是素食者。但是，我很难认同人类对待地球上的动物的方式。在不造成痛苦的情况下，清洁肉类似乎是一种合适

的解决方案。”

尽管他们的目标相同，但荷兰的研究人员使用的方法与范·艾伦失败的尝试有很大不同。波斯特和他的同事们并没有像范·艾伦那样，从一块实际可见的组织开始，而是试图从细胞层面诱使其生长。

波斯特特别关注一种细胞：肌卫星细胞，它是骨骼肌细胞的前驱细胞，构成了我们通常吃的肉。与其他类型的细胞不同，肌卫星细胞只有一条潜在的“职业路径”：变成肌肉。换句话说，肌卫星细胞与干细胞不同，干细胞可以蜕变成体内任何类型的细胞，而肌卫星细胞只是在你的身体里等待，直到需要生长肌肉时——例如一次艰苦的锻炼后，肌肉纤维被分解——才开始运作执行它们生长更多肌肉这项单一任务。

波斯特预测，这些肌肉将是他培植出的肉与现有的众多种植物肉之间的关键差别。与动物肉相比，植物肉的市场份额很小。波斯特说：“植物肉通常比肉更贵，尽管有些味道相当不错，但还不能完全模仿肉的味道。我们致力于生产一种既比农场养殖的动物肉便宜，在质地和味道上也没有区别的天然肉类产品。”

2009 年，在范·艾伦申请到清洁肉工艺的首项专利仅仅 10 年后，波斯特在体外培植老鼠肌肉方面取得了成功。他实现的正是自己的设想且能很快用于牛肉的生产：从啮齿动物的肌肉中分离出肌卫星细胞，把它们固定在培养皿里，让其自行伸缩，并长出更大、更强壮的肌肉纤维。“这实质上是通过饥饿给细胞下达指令，”波斯特解释说，“促使其生长，而培养皿中的支架可以让细胞伸缩，产生张力，促使蛋白质合成。”

这项研究是荷兰政府资助 200 万欧元的同一项研究的一部

分，尽管小老鼠肌肉的大小并不惊人——只有 22 毫米长、8 毫米宽、0.5 毫米厚，但它们对波斯特来说极其重要。这一成功也激起了布林的兴趣。

“从一开始，我就被实验室培植肉类的概念所吸引，事实证明谢尔盖·布林也是如此。”波斯特高兴地说。

在评估了波斯特在小鼠细胞方面的成功经验并阅读了一篇媒体采访后，布林让其基金会的加拿大代表罗布·费瑟斯通豪（Rob Fetherstonhaugh）给这位组织科学家打电话，询问他和维斯特拉特的实验项目。费瑟斯通豪并没有表明自己是布林的同事。据波斯特所知，他只是一个来自蒙特利尔且和他一样对清洁肉持乐观态度的同人。但当费瑟斯通豪问到是否可以在荷兰亲自与波斯特见面时，波斯特怀疑来电的人对这个话题不仅仅是一时的好奇。

就这样，2011 年 5 月 5 日——荷兰解放日假期——二人在马斯特里赫特见面，费瑟斯通豪向波斯特透露了自己老板的名字。“一开始他只是一直叫他谢尔盖，”波斯特后来在自己的办公室笑着说，“从他说话的方式，我能感觉到自己好像应该知道他老板是谁，但最后我不得不承认我不认识这个谢尔盖。”

一旦弄清楚打听自己工作的人是谁，波斯特就开始思考各种可能性。“我很清楚我们可以做到这件事。科学就在那里，我们所需要的只是用资金来证明，而现在就有机会得到我们所需要的。”

费瑟斯通豪要求波斯特书面论证这一概念，在一周内提交一份最多两页的资金提案。波斯特笑了笑，向来访者保证没有问题，便着手准备。费瑟斯通豪一离开，波斯特就兴高采烈地

打电话给维斯特拉特，迫不及待地分享这个消息。

“我知道它会成功的，”波斯特回忆道，“我从来没想过会失败。我们得完成各种申请，然后真正生产出肉，但这对我来说并不是实验。这是让我们进入黄金时期所必需的真正交易：商业化。”

细胞“夏娃”

在荷兰政府资助的研究结束后，研究人员集思广益，想出了一个他们认为足以让媒体大开眼界的创意。“我们最初的想法是在马斯特里赫特校园里对一头猪进行活体组织检查，培植出一根香肠，然后举行一场新闻发布会。人们吃下这根香肠的同时，这只猪还活着并在舞台上走来走去，那不是很棒吗？”

波斯特关于体外培植香肠的想法也许会非常吸引荷兰民众，但并没有像美式汉堡那般引起布林的兴趣。“尽管布林来自俄罗斯，但他知道汉堡在美国才是王道，所以我们不得不选择培植牛肉。”

该提案预估，生产世界上第一个人工培植的汉堡将耗资约33万美元。但套用电影《超时空接触》中的一个角色的话来说，既然你可以用两倍的价格制作两个东西，为什么只制作一个呢？布林向其团队提供了近75万美元，让他们制作两个人工培植的汉堡，之后工作就开始了。

他们计划的基本过程有4步：（1）通过简单的活检，从牛身上提取肌卫星细胞；（2）将其置于营养丰富的培养基中，使细胞能够分裂和生长；（3）用电流锻炼细胞，使它们成为真正

的肌肉，并不断增加质量；（4）收获肉类并进行所需的进一步加工，如添加脂肪或其他口味。

应注意的是，尽管波斯特和维斯特拉特用来培植肉类的细胞只需要从一头牛身上提取一小部分细胞样本，但当时培植这些细胞的过程并不是免屠宰的。自130年前人类开始在实验室培植细胞以来，用于为体外培植的肌肉细胞提供所需营养的培养基通常来自血液。在波斯特的实验中，这种培养基被称为胎牛血清，而获取这种胎牛血清的过程是残酷的，要将一头怀孕的母牛屠宰并将胎牛从母牛尸体中取出，然后直接从胎牛的血液中提取血清，以便让在体外分裂的肌肉细胞保持活力。根据喂养细胞的培养基的血清使用量，一些人预估，如果在需要胎牛血清的条件下让清洁肉商业化，一只小胎牛提供的血清只够生产一千克肉。

当你想到“无屠宰”或“可持续”时，这应该不是你脑海中浮现的场面。而且，胎牛血清并不便宜，一升胎牛血清的成本可能在500美元左右。这就使得它既是一个经济问题，也是一个道德问题。幸运的是，几家细胞农业公司已经完全摒弃了这种血清，而是改用植物性或合成血清，或者像其他公司一样想出了不使用血清的方法。（有趣的是，NASA资助的研究人员在2002年发表的论文中提到，他们使用的灰树花提取物发现了类似的功效。）但至少在2013年，波斯特还在使用胎牛血清，因为他只是想提供一个概念来证明确实可以在动物体外培植足够做一顿饭的肉。

波斯特计算出，需要从初始细胞中培养出大约两万条牛肌肉纤维，才能有足够的肉做一个汉堡。按照他的速度，这只需

要三个月，比一头牛达到屠宰体重所需的速度要快得多。如果波斯特有更多的人手和更大的空间，这个过程可能只需要几周。尽管草饲的牛（那些从未在饲养场生活过的牛）通常需要大约24个月的时间才能达到市场体重，但大多数肉牛在约14个月大的时候被屠宰。换句话说，无论从哪个角度分析，波斯特和维斯特拉特培植出来的牛肌肉都能比其自然生长速度快很多，而且一旦形成规模，培植的肌肉量绝对比同期任何一群牛生长出的肌肉要多得多。考虑到他们只需要培植肌肉，而不是其他我们不想吃的部位，所以生产所需的资源也少得多。例如，在一个饲养场，一头牛每天吃超过9公斤的饲料。合计其生长天数，我们就能明白为什么世界上这么多的耕地都被用来种植玉米或大豆后作为家畜的饲料了。也就是说，如果你想知道亚马孙雨林被砍伐的原因，只需要看看全世界对肉类日益增长的需求就明白了。

马斯特里赫特大学在一份声明中解释了赞助这一未来主义项目的原因："人类作为一个种族，并没有表现出希望减少肉类摄入的迹象，所以要想在未来将肉类从人类饮食中根除是不现实的，我们必须找到一种可持续的供应肉类的方式。"

在大学的支持和谢尔盖·布林的资助下，波斯特开始培植牛肉。在一个摄制组的陪同下，波斯特来到距离自己办公室约三公里的一家小型屠宰场，获取了培植所需的细胞。这家被波斯特形容为"屠宰场里的精品店"只接受附近牧场的草饲牛，它们没有被喂过激素或抗生素。典型的屠宰场每小时最多会屠宰400头牛，而这里的速度是每90分钟一头，因为在将另一头牛带进屠宰场之前，仅有两名员工会对每头牛进行充分的屠宰。

屠宰场老板同意让这位科学家从一头比利时蓝牛身上提取一小部分肌肉，这种牛以外形纤瘦但肌肉发达著名，看起来更像是阿诺德·施瓦辛格，而不是蓝调歌手贝西·史密斯。不幸的是，在动物身上进行活体解剖在欧盟国家被认为是动物实验，所以为了避免项目的延误，波斯特不得不在牛被屠宰后从其身上提取样本。

“我们只需要一块非常小的肌肉。”波斯特用食指和拇指比出不到一英寸的距离，“我还是希望能用活体动物的组织切片，”他遗憾地说，“尽管活体动物的肌肉和刚被屠宰的动物肌肉并没有绝对的区别。如果能获得许可的话，可以很容易地从一头活牛身上做组织切片并进行培植。”

利用这种培植过程，波斯特计算出一头牛的一份样本理论上可以生产两万吨肉，相当于超过 40 万头牛所能生产出的牛肉，这足以制造约 1.75 亿个麦当劳“足尊牛肉汉堡”。从某种意义上说，这份样本可以被认为是创造了一代又一代新细胞的细胞“夏娃”，靠一个又一个汉堡就能拯救世界。

但首先，波斯特必须先做出一个汉堡。

从做活检切片到开始培植细胞只需要两个多小时。然后，第 1 个干细胞要花 30 个小时才能分裂成 2 个。30 个小时后，2 个干细胞分裂成 4 个。再过 30 个小时，就会有 8 个、16 个、32 个……很快就会有数百万个干细胞。波斯特和他的团队收集到的微小干细胞迅速繁殖，更重要的是，它们在这个过程中生产出了更多的肌肉纤维。如上所述，这些肌卫星细胞正是修复牛（和我们人类）受损伤肌肉的同种细胞，它们看起来是完成眼前任务的完美载体。

波斯特已经在老鼠肌肉上取得了成功，他从未怀疑过牛细胞的成功。但信念是一回事，现实中看到细胞增殖则完全是另一回事。在细胞系逐渐建立的过程中，其中的悬念让波斯特吃尽了苦头。尽管他早先取得了成功，但“万一”出了什么差错或意外要如何解决的疑虑也一直潜藏在他的脑海中。耐心是必备的美德。

当细胞开始在培养皿中心的支架周围组织起来并形成形状时，波斯特兴奋难耐。他就像喂养自己的孩子，给这些细胞供给稳定的氨基酸、脂肪和糖。波斯特想象着这些小细胞在他提供的营养品中大快朵颐。起初，只有一小点需要照料，但不到两天，肌肉就已经在支架之间显现出来了。波斯特作为“父亲”的自豪感增长得与细胞的生长速度一样快。

“而且，这一切都是细胞自行完成的。”波斯特惊叹道，他承认自己有时会一连盯着培养皿看好几分钟，仿佛能亲眼看到细胞分裂的过程似的。

小小的肌肉发挥作用，产生张力并收缩，就像在牛的体内一样。这个模仿运动的过程创造出了力量，肌肉便会在此过程中生成更多的肌肉。短短几周后，第一批肌肉就可以收获了，它们稍后将与另一个培养皿中生长的肌肉结合在一起。波斯特幻想着，再有几千股肌肉堆叠在一起，世界上就会出现有史以来第一个培植汉堡。经过多次试错，该团队试图弄清楚如何才能把这些肌肉整合成像汉堡一样的块状。

汉堡品鉴会

2013 年年初，就在波斯特开始培植的几个月后，他已经生产和组装了足够多的肉，现在可以私下试吃了。为了烹饪这仅仅几克培养出来的组织，他和他的伙伴们必须扮演好厨师的角色。

生肉在未烹饪前是黄色的，一碰到平底锅里热乎的葵花子油就开始嘶嘶作响。很快，空气中弥漫着烹饪牛肉的香味，品鉴员们开始垂涎三尺，没有人的鼻子能闻出这块牛肉有什么不正常的地方。这块牛肉是否成功取决于它能否通过客观的品鉴员们的测试，但首先它必须通过自己人的测试。

“我主要想知道的是，”维斯特拉特回忆说，“它能否像传统的肉一样在平底锅里烹饪。我对这块肉的担心，主要是作为一名食品化学家，而不是食客。我着实松了一口气。”

他们把迷你汉堡翻了个面，小心翼翼地不让这块贵重的肉饼的任何一面烤焦。令他们欣慰的是，肉熟了之后，它像传统的牛肉一样呈棕色。

他们把汉堡肉饼从锅里拿出来，放在旁边的盘子上冷却。揭开真相的时刻等着他们。从研究啮齿类动物的肌肉到牛的肌肉，多年的工作换来了这一刻，每个人都抑制不住自己的兴奋。

“我们开始吧。”波斯特笑着对同事们说，他们即将涉足任何一名食客都未曾到达的领域。

波斯特、维斯特拉特和费瑟斯通豪将样本分成小块，他们都不认为试吃会出现任何风险，但万一有人因为吃了世界上第一块培植牛肉而生病的话，至少只是很小的一块。

为了不影响肉的味道，他们没有添加任何调料，三人同时把属于自己的那部分放在舌头上，闭上眼睛，慢慢地、慎重地咀嚼起来。作为有史以来第一批吃到体外培植牛肉的人，每个人都想细细品味这一刻。

咀嚼片刻后，他们终于咽了下去，三人都感觉很好。虽然吃的量不足以尝出太多味道，但他们都吃出了肉的滋味。维斯特拉特宣布味觉测试成功，为了取得更大的进展，团队又回去继续培植。

2013年8月，在正式品鉴会的前几周，费瑟斯通豪告诉波斯特，布林想要和他面谈新闻发布会的流程。如果谢尔盖·布林想见你，你就得去见他。于是，波斯特专程赶到加利福尼亚北部，也终于见到了这位亿万富翁支持者。波斯特原本以为自己要去著名的谷歌总部山景城，但他发现布林在自己孩子的托儿所附近留有一处办公室。这位谷歌联合创始人身着T恤、百慕大短裤和洞洞鞋，当然还戴着一副谷歌眼镜。最令波斯特震惊的是，这位世界上最富有的人之一明显缺乏任何安保措施，“当时只有他和我两个人”。

在共享由布林提供的一顿素食早餐的过程中，波斯特表达了自己对这笔投资的感激之情，并详细介绍了新闻发布会的物流工作。布林告诉波斯特自己很高兴能帮上忙，让这一切成为可能。15分钟后，面谈结束了，一位身着全套西装的某通信公司首席执行官正等着与这位科技巨头共度一刻钟。

回到荷兰，在开始牛细胞培植三个月后，波斯特有了足够多的肌肉制作汉堡。他和团队从数百个培养皿中提取出少量生长组织，开始煞费苦心地将数千条不同的肌肉组装起来，并将

它们放入两个培养皿中。这种肉缺乏肌红蛋白—— 一种有助于哺乳动物肌肉变红的蛋白质——因此，它的外观像鸡肉一样是无色的，而不是我们平常在牛肉中看到的深红色。为了修正外观上的问题，维斯特拉特在组织中添加了一点藏红花和甜菜汁，在不影响味道的前提下将其染成红色。

现在它们看起来与两个普通牛肉饼无异——尽管是历史上最昂贵的牛肉饼——而他们已经准备好对外展示。

他们选择伦敦作为新闻发布会的地点，希望能最大限度地吸引国际记者前来参加。随着准备工作的开始，品鉴会的物流工作也开始了，荷兰研究员们考虑如何将他们价值 33 万美元的汉堡运送到会场。考虑到货物的价值，他们肯定不信任任何运输服务将他们神圣的肉饼从马斯特里赫特运到伦敦。就像保护性强的父母带着一个还没有准备好独自旅行的孩子，波斯特坚持做唯一一个运送汉堡的人，尽管这无疑会让旅途变得更加复杂。

在去往伦敦的前一天晚上，波斯特依旧在工作日结束后从大学的办公室骑 20 分钟自行车回家。但这一次，他的自行车上放着一个纸箱，里面装着价值近 75 万美元的货物。“为什么要造成额外的污染呢？”当被问及为什么不直接打车时，他说，“我的自行车没有问题。”

那是一年中最热的一天，气温接近 33℃。波斯特不确定这些肉饼能否承受得住这样的高温，即使时间很短，也不应该冒这个险。他先把肉饼放在冰上，再放进隔热泡沫箱里，外面再套上一层纸箱。曾于几个月前陪他提取细胞的摄制组人员这一次也随行。一些行人目瞪口呆地看着波斯特微笑着骑着自行车

穿过马斯特里赫特历史悠久的街道，他们肯定不知道这名男子运送的包裹既是一小笔财富，也将很快成为全球媒体的焦点。

安全到家后，波斯特把贴着可怕的“不可供人食用”标签的盒子放进冰箱。之所以贴这个标签，并非是为了阻止家人看里面的东西，只不过是将材料运到实验室外的法律要求。那天晚上，波斯特躺下准备睡觉时，还情不自禁地想起它——旁边是一箱橙汁，下面则是一屉蔬菜。几乎可以肯定的是，这将成为他一生中最重要的项目。谢天谢地，那晚他的孩子们没有突袭冰箱。

第二天早上去伦敦的路上，波斯特需要先乘火车到布鲁塞尔，他把箱子藏在座位前面的行李架上。“我没有冒任何风险，”他后来说，“盒子要么一直与我保持接触，要么我至少能看到它。”不用说，他肯定不允许自己在火车上睡觉。

到达布鲁塞尔后，他和维斯特拉特一起坐火车去伦敦，两人轮流看管这件珍贵的货物。

“我们本想坐飞机，”维斯特拉特笑着说，“但很担心机场的安检。”两人不确定把这些汉堡带入英国是否算走私。虽然他们确实有将动物制品带进英国的许可文件，但不能是供人食用的，而显然这些汉堡确实是要供人品尝的。事实上，它们可能很快就会成为人类历史上最广为人知的汉堡。

到达海关后，波斯特和维斯特里特都屏住了呼吸。就在海关人员检查箱子时，两人都不曾怀疑可以把它带进英国。然后，整个世界都静止了。当海关人员看着盒子上“不可供人食用”的警告时，他的脸皱了起来。“这就奇怪了。”他一边静静地自言自语，一边更仔细地检查包裹。

波斯特的心跳都停止了，他忍住不咬嘴唇，不让自己表现出任何担忧。“我是马斯特里赫特大学的科学家。”波斯特一边说，一边准备拿出他的大学身份证明。海关人员挥了挥手表示没有必要进一步解释，或许他只是想让安检的队伍动起来。令他们大大松了一口气的是，海关人员没有打开箱子，随后，他们前往酒店。“我差点心脏病发作！”波斯特事后开玩笑说。

接下来要决定的是如何储存汉堡。之前已经在波斯特家的冰箱存放了一个晚上，现在他们还得再坚持一晚。“我们本想把汉堡塞进酒店房间的迷你吧，但后来有人建议我们专门订购一台冰箱放在房间里。谢天谢地，幸好我们提前这么做了，”波斯特注意到，“把迷你吧里那些伏特加小瓶子一个个拿出来真的很麻烦！”

在精心安排的物流工作下，疲惫不堪的保管员们带着汉堡安全抵达了伦敦西部。他们检查了活动流程，并最终敲定了媒体和嘉宾名单。来自欧洲和美国各地的贵宾们纷纷飞来争夺席位，其中还包括大约 100 名记者。不过，有一群人明显缺席了活动：观众席上没有肉类行业的高管。主办方不记得是否邀请过他们，但他们的缺席肯定会引起注意。相反，受到这项新技术破坏最严重的从业者们会像世界上的其他人一样，从当天晚些时候的新闻报道中了解到这一事件。此时，对于肉类行业的领导者来说，这个想法可能显得太过理论化和未来主义，因此也没必要出席。

波斯特在河畔剧场打造了一个场景，看起来不太像传统的新闻发布会，更像是一场烹饪秀，摆上了厨房灶台、单炉炉灶和一个没有连接任何管道的展示水槽。

维斯特里特和波斯特没有冒任何风险，先让厨师在所有观

众入场之前烹制了其中一个肉饼以便了解煎制情况。“无论从字面意义上还是隐喻意义上，我们都不想冒险让这个家伙烧掉我们的大好机会！”维斯特里特说。让他们松了一口气的是，汉堡肉饼煎得很完美，然后被放在了一旁。第一块肉饼起初远没有另一块那么出名，但它现在已经被塑化并放在了荷兰的布尔哈夫博物馆，这是一家专门展示科学史的博物馆，而这块肉饼恰好紧挨着同样由两名荷兰人发明的世界上第一台显微镜。

波斯特说：“我确实梦想有一天它会被放在一个记录着畜牧业兴衰的博物馆里。”

配备大型卫星的媒体车停在演播室外等待，戴着“培植牛肉－记者通行证”的记者在大堂里采访路人。

就在这个坦诚相见的时刻，波斯特转身对着记录下这一幕的摄制组说出了他的恐惧。“最可怕的是，”他接着说，“如果品鉴员不喜欢这种汉堡，我会看起来很蠢；并且，我要为拖慢这个领域的发展负责。”不过，这也不是那么可怕。回想起自己拿着汉堡的手被拍了多少张照片，波斯特后来跟我开玩笑说，他很高兴自己刚修剪了指甲且最近几天都没骑过自行车。

时间一到，会场的门打开了，就像争先恐后地想要挤上地铁的乘客，记者们争着要在会场里抢到最好的位置。观众入座后，波斯特从后台打量全场，座无虚席。他的梦想就要成真。波斯特深吸了一口气，笑着走向临时搭建的厨房。

“我们今天在这里的尝试之所以重要，是因为我希望它能证明培植牛肉可以解决这个世界正面临的重大问题，”波斯特宣布，“我们的汉堡是用牛身上提取的肌肉细胞制成的，没有以任何方式改变它们。要想成功，它的外观、材质和味道都必须像真的

牛肉一样。”

他面前的瓷盘上放着一个银色的圆盖，旁边是一只煎锅和一个盘子，里面放着芝麻面包、生菜和西红柿片。不过，这些配菜只是道具而已。品鉴员们可不想用任何能掩盖有史以来最贵的肉的味道的东西来欺骗他们的味觉。

就这样，著名厨师理查德·麦格翁（Richard McGeown）走了进来，准备从培养皿中取出仅剩的一块牛肉饼开始表演。他在已经烧热的锅里倒入葵花子油，把多年来的希望和劳动之果放入热锅中。它像传统汉堡肉饼一样嘶嘶作响，很快，空气中弥漫着煎肉的香味。

当肉饼的两面都煎至棕色后，由波斯特选定的两名品鉴员开始了试吃。波斯特选择的品鉴员是那些不曾参与过培植肉运动——这样才不会有偏见，同时又要是食物方面的权威人士。第一位品鉴员是美国美食作家乔希·舍恩瓦尔德（Josh Schonwald），《明日之味》（*The Taste of Tomorrow*）一书的作者，这是一本关于食品未来的书。在为写作本书进行调研的过程中，舍恩瓦尔德曾在2009年采访过波斯特，两人讨论了清洁肉的问题，尽管当时还没有真正的清洁肉可供品尝。第二位品鉴员是汉尼·吕茨勒（Hanni Rützler），她是一位奥地利讲师和作家，专门研究与未来食品相关的理论并发表了大量预测未来人类将如何维持生活的文章和书籍。

吕茨勒听着波斯特向观众称赞这款汉堡，并耐心地等待轮到她品尝。但有一个问题：波斯特一直在不停地说话。当他热情洋溢地描述汉堡的制作过程和前景时，汉堡正在迅速变凉，谁会愿意吃一个凉了的汉堡呢？她决定不再等了。

吕茨勒的左手用叉子按住汉堡，右手切下大约五分之一。她后来说，就和切传统汉堡的感觉一样。吕茨勒将叉子上的肉举到鼻子边闻了闻。波斯特继续吹嘘着清洁肉的好处，甚至没有看一眼他的品鉴员，而她正准备创造历史。她又闻了闻，之后用好奇的眼神审视着它。当波斯特坐在一排摄像机前继续“布道”时，吕茨勒把他培植生涯的巅峰之作塞进了嘴里。

她闭上眼睛，嚼了 27 下。似乎没人在听波斯特说话了，观众们所有的注意力都集中在品鉴员身上，即使波斯特还在继续说话，甚至没有意识到她已经把肉吃进去了。

最后，她的评价是这样的：

“煎成棕色的地方味道很不错，”她在考虑了一下自己的体验后说道，“我知道这里面没有脂肪，所以我真的不知道它会不会有很多汁，但味道还是挺浓的。它和肉很接近，虽然没有那么多汁，但口感却很完美。”

舍恩瓦尔德在亲口品尝后，宣称其口感和质地都与传统汉堡非常相似。这是“一种不太天然的体验”，他面无表情地吐槽汉堡里没有番茄酱，但他的最终结论是：它让人联想到的不像是在吃汉堡，更像是类似于他称之为“动物蛋白蛋糕”的东西。

当天晚些时候，维斯特里特在接受 BBC 采访时指出，该产品仍处于早期研发阶段，尚未准备好大规模的商业化。“它由蛋白质组成，也就是肌肉纤维。但肉的成分远不只是蛋白质，还有血、脂肪、结缔组织，所有这些都增加了肉的味道和质地。”换句话说，品鉴员试吃的汉堡实际上与用被屠宰的牛肉做成的汉堡并不完全相同，这种汉堡的原型只是纯粹的肌肉。而一旦这种汉堡被商业化，就会加入脂肪，使其具有与传统肉类一样

的口感。

波斯特大声地讲述着所有可能性，并向一小群人预测这将如何彻底改变人们的生活。“从理论上讲，我们甚至可以创造出动物肌肉细胞的杂交品种。假如你想要一份金枪鱼羊排，我们或许可以把它们的肌肉细胞混合在一起。”这有点像把火鸭肉提升到了一个全新的层次——细胞农业的层次。

在新闻发布会结束后，与会者开始聊天时，几名记者注意到，厨房里还有一半没吃的汉堡，那么一大笔钱——更不用说它所代表的象征意义了——就这样无人问津地放在那里。一些人恳求波斯特让他们尝一尝，但波斯特拒绝了，并微笑着告诉他们，他已经答应把剩下的部分留给他的孩子们。

各界反响

“今天，我们第一次看到了无须在牛体内生产，只从牛身上提取细胞制作肉类的证据，”波斯特在品鉴会后马上自豪地宣称，“同样重要的是，我们要让大家知道，必须找到一种合乎道德且环保的方式生产肉类。”

即使品鉴会上的评论很严格，这场新闻发布会依然轰动一时。《华盛顿邮报》的标题是“试管汉堡能拯救地球吗？”，《经济学人》将报道命名为“25 万磅的汉堡和薯条”。

这次品鉴会最终为波斯特赢得了全球范围内的多项荣誉和奖项，其中包括世界技术奖（World Technology Award），这是一项授予从事最可能具有“长期意义”的开创性工作的人的最高荣誉。

所有这些媒体报道甚至催生了有史以来第一本《体外肉食谱》（*In Vitro Meat Cookbook*），这可能是唯一一本没人能做出其中菜肴的食谱。这本2014年出版的食谱中囊括了细胞农业可能实现的所有想象中的食物类型，从针织肉到"名人肉块"，没错，就是你最喜欢的名人的肉。正如食谱的作者们在推销"名人肉块"时说的那样，"忘了签名和海报吧，通过吃"名人肉块"来证明你是他的终极粉丝……如果你不能成为名人，至少要吃到名人"。当然，对于那些被电影《汉尼拔》中莱克特博士为雷·利奥塔（Ray Liotta）所饰演的角色烹饪其大脑的场景吸引的人来说，《体外肉食谱》也提供了"体外的我"食谱。（为什么要勉强接受不如自己的东西呢？）

电话从四面八方打来，投资者和科学家都想知道如何才能参与进来。波斯特总听到的问题是，这是否只是一个新奇的项目——类似于正在以天文数字的价格出售的未来商业太空旅行，还是可以真正扩大规模与传统肉类行业竞争的东西。

科学还需要数年时间才能在商品肉类领域展开竞争，但这并没有阻止许多人都想了解波斯特的清洁肉革命可能会给该行业带来什么命运。畜牧业不仅是一项大生意，还是全球经济的重要力量。如果波斯特和维斯特里特取得成功，很可能会历经一场大规模的改革。除了生产、饲养和屠宰动物的公司所组建的庞大帝国外，很大一部分农作物农业也是为了养活这数十亿的动物而存在的。如果清洁肉开始占据肉类市场的份额，那么美国中西部的大片土地将看起来大为不同，因为饲养场空了，屠宰场也永远关上了门。

简而言之，肉类生产是劳动密集型产业。美国农业部的数

据显示，美国食品制造业有三分之一的工作岗位在肉类和家禽屠宰加工厂，另外 9% 的工作岗位在乳制品制造业。当然，人造的肉类和乳制品仍然需要加工，但停止饲养和屠宰所有动物可能也会提高体力劳动方面的效率。

如果波斯特的成果能够商业化并取得成功，那么这就事关很多利益。在美国，农业游说团体是国会和州立法机构中最具影响力的力量之一。根据响应性政治中心的数据，农业综合企业每年投入联邦游说的资金约为 1.3 亿美元，几乎等于国防相关游说活动的投入金额，并远远超过了劳工和庭审律师游说活动投入金额的总和。而且，农业游说团体并不急于引进清洁动物制品爱好者所设想的“后动物生物经济”。

在清洁肉真正进入市场前，我们不知道它会对食品行业产生怎样的影响，但可以肯定的是，与如今的动物饲养系统相比，它的效率可能会给农业领域留下一个巨大的空洞。我们将不再需要那么多的玉米和大豆产品、工厂化农场和运输拖车，喂给家畜的药品也要比目前少得多，屠宰场自然也会更少。对于动物福利、环境和公共健康的倡导者来说，这些都将是他们热衷于推广清洁肉的重要原因。而对于那些通过把农作物变成家畜、把家畜变成肉来谋生的人来说，这意味着巨大的变化。

在美国大豆联合委员会 2013 年委托撰写的一份报告中发现，畜牧业对美国经济有着巨大的影响。如果你疑惑为何大豆生产商会担心畜牧业的命运，想想美国最大的大豆买家不是豆腐业而是饲料畜牧业，你就明白了。具有讽刺意味的是，大豆生产商最不希望看到的反而是美国人的消费需求从肉类转向豆腐和毛豆等大豆产品，因为后者对大豆的需求量要少得多。正

如大豆联合委员会的报告所指出的，“通过支持其长期的竞争力以维持和扩张美国畜牧业的行动对大豆行业至关重要”。

说到底，委员会得出的结论是，美国的畜牧业提供了180万个工作岗位，为国民经济产出增加了3460亿美元，每年缴纳150亿美元的所得税和60亿美元的财产税。换句话说，要用穿着实验服的微生物学家和酿肉厂来取代所有的孵化场、农场、运输车和屠宰场绝非一件微不足道的小事。

从非常现实的角度来说，**比起任何其他创新，清洁肉行业的成功可能会比以往任何创新更显著地颠覆我们的食品行业。**

到目前为止，畜牧业还没有感受到来自波斯特或他在新兴清洁动物制品领域的同事们所带来的威胁。正如全国牛肉协会的发言人在伦敦汉堡品鉴会后告诉美国有线电视新闻网的那样：“我们相信消费者会继续信任并且偏爱传统饲养的（而不是实验室培植的）牛肉。任何实验室产品都无法取代牧场主人，也无法取代他们对客户、消费者和美国农村的奉献精神。”

动物农业联盟也有同感。在谴责了波斯特的汉堡标价过高之后，该游说团体的发言人还取笑了它的可行性。“我认为可以肯定地说，清洁肉科学家需要克服一些障碍，尤其是在味道方面。虽然官方的品鉴员并没有把肉吐出来，但也没有人对这种假汉堡的肉味和口感赞不绝口。事实上，一位品鉴员说‘它的口感令人惊讶地脆’，这可不是什么好话。”该联盟的发言人将波斯特的汉堡叫作“科学怪堡”，并总结道，“既然你可以吃到真正的肉，为什么还要退而求其次呢？”

美国肉类协会也加入了他们的行列，其发言人宣称消费者对当地农场的肉比当地实验室的肉更感兴趣。“从干细胞中提取

的实验室培植肉类产品不太可能满足目前的需求。”她向行业保证。

畜牧业对波斯特的汉堡品鉴会的反应让人想起一句谚语：**“他们先是无视你，然后嘲笑你，然后和你决斗，然后你赢了。”**品鉴会之后，代表传统畜牧业的团体似乎从无视阶段进入了调侃阶段。不过，到目前为止，肉类行业基本没有出现任何斗争。如果说有什么不同的话，那就是肉类市场的一些参与者似乎更渴望加入清洁肉的行列，而不是与之对抗。但传统肉类行业的许多公司似乎仍然没有太大变化，反而只是在一味地缓慢向前，似乎没有意识到像波斯特这样的人已经给他们的行业带来了一场风暴。

传统肉类工业似乎在某种程度上类似于过去的天然制冰业。在 19 世纪上半叶的美国，家用冰已经从一种稀有商品发展成为一个可观的产业。天然冰是项大生意：从北部湖泊开采的大块天然冰被运往冰窖，消费者可以从冰窖购买小块的冰然后储存在家里的冰柜里，这主要是为了让肉类和农产品能够保存更长的时间。

随着工业制冷技术的发明，突然之间为消费者提供了一种更便宜的方式来储存冰块。实业家们不需要再开采天然冰，只需要简单地通过冷却水制造冰块，然后出售给公众。到了第一次世界大战时，天然冰行业已经基本消失，但这其中也不乏斗争。历史学家乔纳森·里斯（Jonathan Rees）在其著作《制冷国家》（*Refrigation Nation*）中解释说，从 19 世纪 80 年代起，天然冰生产商通过抨击“人造冰”来捍卫自己的企业，警告消费者用于制冷的氨气可能会泄漏到水中并污染冰块。他们提醒消费者

不要让人造的冰块接触到你的食物，更不要接触到你的饮料。但讽刺的是，由于当地工业造成的水污染和用来将冰拖出湖泊的马排泄的粪便，天然冰实际上也并不安全，而所谓的人造冰来自为保护消费者而煮沸或过滤的水，实则更加安全。一个世纪过去了，如今家庭里使用的几乎所有冰块都来自家里的人造制冰机（也就是冰箱）冷却的水，也没有人认为它有任何不天然的地方。事实上，我们甚至都不会考虑住在一个没有冰箱的家里。

至于清洁肉是否会走类似于“人造冰”的道路，农场游说团体可能并不担心，因为该行业仍处于理论阶段。毕竟，尽管自 2013 年波斯特和维斯特里特推出他们的汉堡以来，技术上已经取得了进展，但仍需要进一步完善。更关键的是，他们得将生产成本降到消费者真正能够负担得起的水平。但是，如果清洁肉行业能够找到将其肉类、皮革、乳制品和鸡蛋等产品推向市场的方法，那么这些守旧派就不得不重视起来了。

而对于细胞农业的从事者来说，他们大多欢迎大型食品公司的支持。“我想确保的是，新的清洁肉行业不会成为曾经的电动汽车行业，”新丰收的伊莎·达塔尔回忆起 20 世纪 90 年代中期，汽车和石油行业在摧毁萌芽中的电动汽车行业所扮演的角色，“相反，我希望泰森食品公司和其他肉类公司也能参与到这场运动中来。”好食品研究所的执行主任布鲁斯·弗雷德里克对此表示赞同，他问道：“还有谁比珀杜农场更适合制作不含鸡肉的鸡块呢？有谁比荷美尔（Hormel）食品公司更适合制作不含猪肉的真正午餐肉呢？”

到目前为止，荷美尔还没有急于拥抱清洁肉技术，直到

2016 年年底，各种迹象开始指向正确的方向。全球最大的肉类生产商泰森食品公司宣布成立一项新的风险投资基金，将 1.5 亿美元用于投资替代蛋白质等领域。根据《华尔街日报》关于该基金的一篇报道，泰森食品不仅打算投资植物蛋白，还准备投资“由动物细胞自我繁殖的肉以及 3D 打印肉”。2017 年，在纽约市举行的未来食品科技小组会议上，泰森基金的负责人玛丽·凯·詹姆斯（Mary Kay James）证实了该公司对清洁肉的积极兴趣。

2017 年晚些时候，以色列的肉类行业也开始表现出积极的兴趣。以色列最大的肉类加工生产商索格洛韦克集团的董事长兼首席执行官伊莱·索格洛韦克（Eli Soglowek），在以色列有史以来第一次清洁肉会议上发言之前曾给我发了一封电子邮件。这次会议由现代农业基金会（本质上就是以色列的好食品研究所）组织，吸引了来自全球各地的投资者、企业家和科学家。让一位重要的肉类生产商在会议上发言是一件大事，索格洛韦克随手写给我的那句话可能更是：“（我们）一直努力走在肉类行业的前沿，我们相信清洁肉类将在未来 10 年内投入生产，因为它在商业上是可行的，而且价格也是可以承受的。”

仅仅几个月后，那些反对清洁肉的人在几年前还认为的不可能就变成了现实。在一份历史性的声明中，农业综合企业巨头嘉吉（Cargill）公司成为第一家宣布投资清洁肉初创企业的传统肉类公司。嘉吉蛋白公司增长风投部门总裁索尼娅·罗伯茨（Sonya Roberts）在谈到对孟菲斯肉类的支持时表示，我们相信“消费者将继续渴望摄取肉类，我们的目标是尽可能以可持续和低成本的方式将肉类带到餐桌上。清洁肉和传统生产的肉都将在满足这一需求方面发挥作用”。

像嘉吉、索格洛韦克和泰森这样具有前瞻性的公司可能正在向胶片公司佳能学习。正如2006年《今日美国》的一篇报道指出："在数码摄影时代之前，没有一个品牌比伊士曼柯达更能作为影像的代名词……现在，它正与日本品牌佳能展开激烈的市场主导地位之争，而且从许多方面来看，佳能都处于领先地位。"当佳能和柯达在相机行业争夺霸主地位时，新兴的数字时代可能会改变一切，包括关闭学校里的暗房和当地杂货店的冲印站，以及让胶卷制造商完全失业。柯达没有跟上新技术的步伐，反而还落后了；甚至在佳能率先进入数码相机领域时，柯达也没有跟上。

结果可想而知，如果你有所关注的话，可能已经知道：佳能现在是领先的数码相机品牌，而柯达在2012年申请破产了。

这个故事在大公司如何应对创新技术方面提供了鲜明对比，就像马克·波斯特的技术可能会给肉类行业带来的变革一样。"颠覆"可能是硅谷的流行词，但一些老牌食品集团似乎更愿意努力维持现状。可以肯定的是，其他一些大型肉类公司将加入嘉吉的行列，早早地把自己的投资扩大到清洁动物制品领域，而其他公司则会步柯达那般的后尘。

已经有一些主要投资者敲响了警钟，表明金融界越来越意识到清洁肉可能带来的影响。例如，在2017年年末，投资银行公司阿夸合伙人（Aquaa Partners）的首席执行官保罗·库阿特雷卡萨斯（Paul Cuatrecasas）在一份原料贸易出版物上发表了严肃的警告。"饲料公司应该通过投资实验室培植肉来对冲风险，"这位高管建议说，"如果有一半人选择实验室培植肉，就像人们选择合成羊毛，那么肉类行业将很可能面临重大破产。"

泰森还没有对清洁肉公司进行任何实际投资（尽管它已经投资了植物肉领域），但在2016年年底，它首次公开发表了关于这个话题的评论。在北卡罗来纳州的一次生物技术会议上，该公司首席研发科学家赫尔茨·史密斯（Hultz Smith）博士在一个关于清洁动物制品的小组讨论中说，虽然他预计传统的肉类生产不会很快消失，但他也相信细胞培植可以为消费者提供另一种获取蛋白质的选择。

尽管细胞农业行业的所有人都在谈论他们的技术将如何淘汰工业化畜牧业，但史密斯的预测最终可能会更准确，至少在短期内是这样。即使清洁肉上市，肯定依然会有人想吃以“老方法”生产的肉类（不过如今的工厂化养殖系统是否真的可以被认为是“传统的”也值得怀疑）。但随着未来几十年地球上的人口再增加数十亿，似乎可以相当肯定地说，其中很大一部分人很可能会非常愿意吃到更高效、更人性化的肉，尤其是如果它与传统肉类相比更有成本竞争力的话。

如果这些技术真的开始取代（而不是替代）畜牧业，那么毫无疑问，农业经济将发生重大转变。虽然几十年来美国农民的数量已经呈减少的趋势，但许多农民和其他从事畜牧业的人将发现他们需要找一份新工作。杰森·马西尼关于“美国未来的农民是微生物学家，而不是牧场主”的预测可能会变成现实。

在新丰收基金的资助下培植禽类细胞的北卡罗来纳州立大学禽类科学家保罗·莫兹齐亚克（Paul Mozdziak）对这一点并不过分担心。他和泰森的科学家史密斯在同一个小组，且同意他的观点。莫兹齐亚克预测，养鸡户不必担心细胞培植的禽肉与他们的禽类竞争。“但即便如此，”他指出，“农民只占美国人

口的 1%，而且其中也只有一小部分人从事畜牧业。同样的事情也发生在我周围的烟草种植者们身上，随着越来越多的人停止吸烟，他们已经转而种植其他作物。据我所知，他们中的很多人现在都在种红薯。”

事实证明，他们中的很多人也在种植鹰嘴豆。《华尔街日报》在 2013 年的报道称“鹰嘴豆正在占领美国”，结果便是市场对鹰嘴豆产生了前所未有的巨大需求。由于对烟草种植者及烟草的需求下降，大型鹰嘴豆泥公司——主要以萨布拉（Sabra）品牌为代表，现在由百事公司部分控股——已经向这些烟草种植者施压，要求他们去种植鹰嘴豆。许多人也确实这样做了，农民要适应新的市场条件，就像所有行业的人在自由经济中都必须如此一样。

口味在变化，提供食物以满足这些口味的人也必须做出改变。当然，不仅仅是食品行业的消费者欢迎剧变。我们中能有多少人为旅行社被智游网（Expedia）取代而感到遗憾？我们还会一边沉迷于奈飞，一边为百视达（Blockbuster）碟店的消失而流泪吗？这些都是我们曾经需要的工作，但当更好的替代产业出现并取代它们的位置时，这些工作也就消失了。

莫兹齐亚克指出，农民总得随着需求改变。像马克·波斯特这类研究人员的工作与其他的农业效率创新没有太大不同。“土地是不会消失的，如果不用来养鸡或种玉米，就会去生产其他东西。要记住，这些清洁肉加工厂也得雇用员工，这会创造全新的就业领域。这就是经济运行的方式。”

但公平地说，这些转变之间有一个关键的区别。烟草种植者可以学着种植鹰嘴豆，但农民能成为微生物学家或组织工程

师吗？是的，这些产品需要人工培养的营养来喂养正在生长的细胞，但细胞农业比传统农业需要更少土地的原因之一就是人们不需要耕作那么多的土地了。细胞农业的拥护者所吹捧的高效率，几乎肯定会进一步降低从事农业的人口比例，这一趋势在过去的一个世纪里一直持续存在，迄今为止，99% 的美国人完全不再从事商业种植。

但至少就目前而言，大多数动物养殖业者似乎并不担心。一些人看到了该行业参与清洁动物制品的机会，但我所接触过的大多数人对这个问题并不感兴趣，无论对错与否，他们都没有在牛仔靴里瑟瑟发抖。

美国肉类行业名人堂的执行董事丹·墨菲（Dan Murphy）直言不讳地谈到了马克·波斯特和彼得·维斯特拉特等人。“他们夸大其词地说无须动物的汉堡将很快改变世界的饮食习惯，这就类似于原子时代之初的科学家们宣称未来核能发电的成本是如此之低，甚至不需要对其进行计量。”

势在必得的商业化之路

尽管波斯特和维斯特拉特的培植汉堡备受关注，但在其真正实现商业化之前，还需要做几件事。首先是成本问题。2015 年，在汉堡品鉴会两年后，波斯特回顾了自己为降低成本所做的努力。“我们第一次公开这种汉堡时，成本是 33 万美元。目前我们已经设法削减了将近 80% 的成本。我认为用不了多久，就能达到每公斤肉 65~70 美元的目标。”换句话说，根据他的估计，到 2020 年，每个汉堡的单价约为 11 美元，他最终会使其比传

统牛肉更便宜。

将清洁肉从大学的学术研究转变为商业现实，对波斯特来说极其重要，因此在2016年年中，他和维斯特拉特创办了一家企业以配合他们的学术成果。默萨肉类公司以马斯特里赫特风景如画的默萨河的拉丁语命名，它的存在与其说是为了向公众销售清洁肉，不如说是作为一家知识产权许可公司，将其技术流程出售给希望自己生产清洁肉的公司。维斯特拉特担任该公司的首席执行官，并已经在吸引风险投资，其中包括一位未透露姓名的“肉类行业投资者”。他认为，默萨肉类只会向荷兰当地消费者出售少量肉类，而该公司的主要收入将来自授权。“成为一家大型肉类生产商并不是我们的志向，更重要的是，如果出售许可证的话，那么推广这项技术会快得多。”

波斯特后来还自己创办了一家独立的公司夸里姆（Qorium），专注于生产实验室培植的皮革。

维斯特拉特预测，到2020年，他们将能以足够低的成本进行生产，届时就可以投资实际所需的设备。他预计，可能需要一到两年的时间才能真正生产出一种产品，并有可能最终在2021年上市销售。

波斯特和维斯特拉特准备从学术界转行创业，这一事件引发了质疑，现在就将清洁肉进行商业化是否为时尚早？清洁肉的科学是否已足够先进、足以授权真正的生产企业，还是把钱花在开源学术研究上更好？正如你在本书中看到的，这几位创业者相信，**只有将研究转移到私营企业，科学才会迅速发展。**

好食品研究所的布鲁斯·弗雷德里克同意这些创业者的观点，他认为：“十多年来，细胞农业一直是学术界的专有领域，

在我看来，如果它一直停留在学术领域，那么我们至少在未来10 年内都无法有产品上市。”

在弗雷德里克看来，有充分的理由认为这个行业需要像默萨肉类和它的新竞争对手那样的私营公司，而且现在就需要。首先，一些资源将会流向私营公司，而这类资源是不会流向公共企业的。如果没有私营公司，清洁肉运动就无法利用本来可以用于开发这项技术的数百万美元，本书后面提到的风险投资家中很少有人会给大学提供研究资金。

同样重要的是，在以盈利为目的的组织工程领域中，那些拿着公司薪水的人是否愿意在获得资助的学术机构里工作。换句话说，我们可以推测，世界上最优秀的组织工程师都知道，他们可以在企业拿到高薪，但在学校就不能。一些最优秀的人才会愿意在学术界工作，但很多人可能并不愿意，而如果他们离开这个领域，那么清洁肉的商业化进程可能会大大减缓。

波斯特承认，即使他们的研究仍在继续，但离创造出汉堡、热狗、肉丸子和鸡块等碎肉以外的肉制品还差很多。用较厚的组织制成的全肉，如 T 骨牛排，目前仍然超出了清洁肉运动的范围。问题很简单，就是在整个肌肉组织中没有血管输送必要的营养物质的情况下，那些不幸的内部肌肉细胞在培植过程中会被剥夺营养并死亡。波斯特认为，在组织之间放置 3D 打印的血管来输送营养是解决这个问题的一个方法。不过就目前而言，考虑到市场上的大量肉制品都是碎肉，波斯特满足于完成现有的简单任务，或者说是制作简单的碎肉。

即使是找到类型合适的生物反应器，大规模地培植这些细胞也是一个挑战。目前，这种设备只用于医疗目的，成本不是

问题，体积也小得多。要想将清洁肉推向市场，就必须要发明出全新一代的生物反应器。通常情况下，生物反应器用于能在液体中悬浮游动的细胞，只是目前还没有用于生产固体组织的大型生物反应器。波斯特推测，也许生物反应器中的微载体珠子可以让肌肉细胞在上面生长，这让他开始积极地试验不同种类的微载体珠子。

“2013 年的品鉴会的目的是告诉所有人，这是可能的，”波斯特指出，“这个目标已经实现，下一个目标将是推出一种已经被多个国家的食品和药物管理局品尝过并批准的商业产品。”

对波斯特来说，最大的问题不是他们是否会将清洁肉商业化——商业化是肯定的，问题是肉食者是否愿意吃它。

“我总是问观众，你们吃热狗吗？几乎所有人都笑着表示肯定。然后我会问：‘你们知道里面是什么吗？’他们都说不知道。”波斯特认为，如果消费者诚实地评价清洁肉相比传统肉的优点，就会成群结队地转向清洁肉。“人们一直以来都对自己吃的食物一无所知，正因为如此，他们了解得越多，感觉就越好。如今，他们吃的是被掺杂了各种药物的动物的肉，这些动物生活在恶劣的环境中，他们为什么不想换成更干净的东西呢？”

在与杰森·马西尼相同愿望的驱使下，波斯特开始认真对待“即将到来的肉类危机”，他认为随着全球人口和收入的增长，这场危机是不可避免的。对他来说，唯一的问题是人类是否会迎难而上并找到一个解决方案——就像谢尔盖·布林所希望的——在为时已晚之前尝试一些新的东西。

“我的目标是用清洁肉取代全部肉类生产，”波斯特大胆地说，“事实上，我认为一旦有了合适的替代品，自然会觉得屠宰

动物作为食物是不靠谱的，应该被禁止，”他预测道，“简而言之，现在的肉类行业是没有未来的。”

维斯特拉特对这件事的看法略有不同，他也同意波斯特的观点，即工厂化的动物养殖将不复存在。但就像对马车的需求仍然存在一样，无论是作为旅游景点的噱头，还是像阿米什社区这样的宗教或其他不采用技术进步的团体依然会有需要。维斯特拉特预测仍将有一些特殊的肉类生产来自屠宰动物。“但会和如今的状况不同。”

2016 年，也就是品鉴会三年后，波斯特在生产出第一个汉堡的地方对未来进行了预测。他穿着白色的实验室大褂站在我面前，面对着一墙的孵化器和一幅荷兰地图——这幅地图是这个狭窄的空间里唯一与医学无关的标志。他在思考自己的工作可能会带来什么结果。

“20 年后，”波斯特设想，“如果你走进超市，可以在两种完全相同的产品中进行选择。一种是由动物制成的，上面的标签写着动物因这种产品遭受过痛苦或被屠宰。这种产品还需要征收生态税，因为它危害了环境。同时，它与实验室里生产的替代产品完全相同，味道一样，质量一样，价格也一样，甚至还更便宜。你打算选哪一种呢？”

第4章

让皮革做“先锋”

“在吃不含动物的动物制品前先穿上这样的培植皮革，会让消费者更容易接受这种概念。”

在第一次世界大战期间，德国遇到了一个真正的问题。它的齐柏林飞艇——由充气气囊支撑的坚硬的雪茄状圆顶——在英国播下了恐惧的种子，但生产它们需要耗费大量的资源，其中最稀缺的就是让武器化的飞艇停留在空中的气囊。

德国著名的香肠工业一直使用奶牛的肠道内膜作为副产品，这也是制作香肠时固定碎肉的必要原料。但研究发现，牛肠对制作“肠膜”特别有用。“肠膜”是一种超薄且轻质的材料，用来盛装将齐柏林飞艇抬向天空的氢气或氦气。尽管牛肠对军方来说用途很大，但它们的体积相对较小，所需的量又极大，这意味着生产效率并不是特别高。事实上，仅仅一艘齐柏林飞艇就需要超过 25 万头小牛的肠道内膜。

随着军事上对齐柏林飞艇需求的增加，牛肠的需求量也急剧上升。很快，德国及其盟国就停止了所有香肠的生产，以确保军方得到尽可能多的牛肠。但即使发布了香肠禁令，也没有足够多的牛来维持齐柏林飞艇编队的飞行。

1918 年德国战败后，齐柏林飞艇的产量直线下降，香肠制造商得以回归自己的手艺。但即便如此，美国固特异轮胎橡胶公司仍在努力寻找一种更好的方法使仍被用于非军事目的的飞

艇继续飞行。最终，他们研发出了一种胶化橡胶，其生产成本要低得多，而且可以防止未来的牛肠短缺。事实上，到了20世纪30年代，德国齐柏林飞艇就已经不再使用肠膜，而全部改用橡胶了。

这个故事虽然发生在一个完全不同的领域，但同样说明了现代牧场试图实现的目标。用25万头牛让一架飞艇飞起来是不可持续的，安德拉斯·福加奇（我曾在2014年品尝过他的公司生产的牛排条）认为如今的时尚业也是依靠剥削动物来制作衣服，这浪费了太多资源，也造成了太多环境问题。

但是，我们要如何开始用类似固特异生产的齐柏林飞艇橡胶来取代掉我们经济中的动物制品呢？马克·波斯特向世界证明了可以在动物体外培植肉类。尽管这一举动是革命性的，但同时也必将颠覆传统的肉类行业，但如何以最好的方式向公众介绍这个概念仍然是一个悬而未决的问题，尤其要考虑到市场将如何应对这样的创新。

毕竟，虽然可以通过培植技术取代的动物制品的数量几乎是无限的，但最初的颠覆必须选择从一种产品或行业开始。然而，并不是每个人都同意从肉类着手。事实上，福加奇最终得出结论，就像一种以动物为基础的材料——肠膜——被高级的无动物版本取代一样，培植行业需要的不是通过肉类，而是另一种以动物为基础的材料——皮革——来引领竞争。

除了清洁肉在准备商业化时可能面临的潜在市场问题外，从技术上讲，培植皮革也比培植肉类更简单。与三维的肉类不同，皮革在很大程度上是二维的。除此之外，将培植的皮革引入市场也几乎没有监管障碍，但清洁肉的情况可能就不一样了。

默萨肉类等公司希望其生产的食品能在未来几年上市时得到青睐，但是，如果我们早几年先穿上培植皮革，那么清洁肉会不会更容易被大众接受呢？让人们接受细胞农业的概念是现代牧场的一大关注点，并打算通过专注于时尚行业而非食物来实现这一点。对于福加奇来说，生物制动物纺织制品是开启“后动物生物经济”的关键。

“皮革是新兴培植业的入门产品，”福加奇断言，“我对马克·波斯特充满敬意，但培植动物制品的第一个突破可能不会出现在肉类，而是会出现在皮革领域。在吃不含动物的动物制品前先穿上这样的培植皮革，会让消费者更容易接受这种概念。”

制革业危害甚广

据我们所知，至少在几万年甚至更早之前，人类就已经穿上了其他动物的外皮。自从十万年前智人自温暖的北非走出后，主要作为装饰品的稀有的衣服就变成了生存的必需品。就连智人尼安德特人（俗称尼安德特人，在智人出现在欧洲大陆之前，他们已经在欧洲生活了几十万年，现已灭绝）也用动物毛皮覆盖身体，在北方的气候中保暖。2012 年的一项研究发现，我们的尼安德特人表亲需要用毛皮覆盖身体的 80%，才能在欧洲的冬天生存下来。换句话说，人类的大脑并没有等着身体进化到能够忍受寒冷的气候，而是想出了如何从已经进化到在那里能够生存下来的动物身上获取外部热量的方法。

如今，我们大多数人都已不再生活在人类起源的赤道气候中，仅靠我们的身体不足以让我们在没有进化的纬度上进行体

温调节。即使是今天生活在热带地区的人,(很显然)他们仍然更喜欢穿着衣服，而且这些衣服通常是由动物的毛皮制成的。是的，我们确实已经发现了各种植物制成的——最近甚至还找到了人工合成材料，用于遮蔽身体并保暖，但有一种动物原料仍然是很多衣物的主要选择，尤其是在鞋子、包等物品上，即牛皮。

以动物毛皮为基础的服装历史悠久，远比人类文明早了好几万年。而一旦我们作为群落定居下来，很快就开始学习鞣制兽皮。也许人类使用皮革最早的证据可以追溯到大约5000年前的新石器时代，当时，在现在的亚美尼亚，人们已经知道如何鞣制动物皮并制成皮鞋。3000年前的埃及人很少使用皮革做衣服，尽管他们似乎更经常用它们做家具和包，甚至是狗项圈。但皮革对我们人类可能从未像今天这般重要，它比以往任何时候都更适合应对一场重大的变革。

美国皮革业是一个全球性的庞大组织。仅在出口方面，美国养牛业每年就销售价值30亿美元的牛皮，这来自美国屠宰场的3500万头牛。美国大约一半的皮革用于生产鞋，三分之一用于生产家具和汽车座椅，其余用于配饰。在全球范围内，皮革市场的价值超过1000亿美元。(许多其他动物的皮也很受欢迎。举例来说，全球动物毛皮行业的估值高达400亿美元左右，仅蟒皮一项就在全球销售额中占约10亿美元，其中还不包括美洲鳄和非洲鳄等其他爬行动物的皮。)但是，除了与养殖这些牛的畜牧业相关的问题外，还有关于牛皮是如何变成皮革的问题。

如果你想知道为什么你的手表带虽然只是死皮，却不能被生物降解，那是因为鞣制这种木乃伊化的方式最终防止了皮革

在你的手腕上直接腐烂。这个多阶段的过程需要多种不同的化学物质，这可能是人类花了那么久时间才从制作毛皮大衣进化到制作皮鞋的原因之一。鞣制本质上是通过稳定牛皮中的胶原蛋白，永久性地改变牛皮的蛋白质结构，并确保其寿命远比其他方式长。

但是，鞣制可能会对制革厂周围的环境、工人和社区造成破坏。财经网站 Quartz 在 2017 年一篇关于现代牧场的报道中写道："传统的皮革生产留下大量的碳足迹*，带来破坏性的环境污染、残酷的动物痛苦，以及常常令人不安的侵犯人权的行为。"

首先，需要用刺激性的石灰以化学方式去除皮料在屠宰过程中残留的毛发、脂肪和其他不良成分，这些化学品和其他废物会被直接扔进垃圾桶。现代制革工艺的下一步通常是将皮料浸泡在一大桶铬中，铬是一种腐蚀性物质，使用后会被倾倒进当地的水道中。尤其是在环境法较为松懈的国家，比如印度和孟加拉国等皮革制革大国。在孟加拉国，官员们基本上承认他们没有在哈扎里巴格的主要制革中心执行环保规则。因此，像铬、硫酸和其他有毒的鞣制化学品经常未经处理就被倾倒进当地的水道中。那里的工人——包括儿童——都会受到这些危险化学物质的影响，却往往没有或几乎没有任何保护措施。正如他们中的一位官员向国际慈善机构"人权观察"解释的那样："当我饿的时候，食物发酸并不重要，我必须得吃东西。"

在印度的皮革之都坎普尔，制革厂给恒河造成了严重的污

* 碳足迹指的是个人或团体通过日常活动所产生的温室气体排放量，用以衡量人类活动对生态环境的影响。

染，以至于政府在 2009 年被迫关闭了一百多家违规最严重的制革厂，这个数量已经超过该地区所有制革厂的四分之一。被污染的水与当地居民的皮肤病、呼吸系统疾病、肾功能衰竭，甚至蓝婴儿综合症的发病率较高有关。

野生动物，特别是水生动物，受到制革污染的影响更严重。制革厂附近的水道经常会变成“死亡地带”，顾名思义，没有动物可以生存下来。而制革对工人自身——他们大多数都是世界上最贫穷的人——的损害也可能是巨大的。铬暴露与制革工人中普遍存在的一系列疾病有关。从哮喘、支气管炎到肺癌，与制革厂相关的各种工作场所会带来的具体危害的清单就像处方药广告末尾一闪而过的免责条款。对制革工人来说，一种特别痛苦的现象是普遍存在的“铬孔”，医学期刊曾经称之为“制革工溃疡”。铬孔可能会出现在工人的手上，甚至是鼻腔里。圆形的伤口看起来像是溃疡，但它们出现在人体最常接触铬的部位，无论是直接接触还是吸入。

知道了这一点，就很容易理解为什么在实验室里生产皮革替代从动物身上制取皮革这么吸引人了。现代牧场制作皮革时不需要生产毛发、肉或脂肪，因此，鞣制过程只须简化到第二阶段。“整个过程缩短了很多，”福加奇指出，“而且步骤更少，排出的污水也少得多。”简而言之，现代牧场只须进行鞣制的最后阶段，基本上就是储存皮料，然后再将其处理至所需的厚度。

而且，由于不需要担心政府对鞣制第一阶段常规使用的化学物质处理的规定，因为根本就没有使用这些化学物质，所以福加奇计划在美国，甚至可能在该公司总部所在的纽约市进行皮革鞣制。将生产地点设在美国国内还可以最大限度地降低运

输成本，因为庞大的全球皮革市场导致美国大部分进口皮革的来源地是亚洲。

从医药行业看到的契机

改革制革业的好处似乎是显而易见的，但是，穿着实验室生产的皮革真的会让我们更愿意食用以同样方式生产的肉类吗？考虑一下下面的思维实验：想象你吃了一个在牛体外培植出来的汉堡，会有什么感觉？即使你认同清洁肉的概念，就像我一开始一样，你可能也会有点犹豫是否要吃下第一口。但是，如果你有机会穿一双实验室生产的真皮皮鞋呢？如果你的回答和我曾询问过的每个人一样，那么你基本上会对后者毫无顾忌。穿着新奇的面料对我们很多人来说似乎并不奇怪，或者至少没有吃新奇的食物那么奇怪。（不过，说句公道话，就人类历史而言，如今杂货店里出售的很多食物都曾是相当新奇的，而如今大多数人都吃得心安理得。）你可能已经穿过合成革跑鞋，甚至都没有想过它们是不是合成的。你甚至不知道你的运动鞋是不是真皮的（很多都不是）。

这正是安德拉斯·福加奇所希望的，也是现代牧场目前正在努力的方向。这位牛排条的发明者已经将公司早期的肉类实验搁置，将重点放在皮革市场上，希望通过生产可穿戴产品而不是可食用产品来加快消费者对细胞农业的接受过程。

福加奇是在 2011 年生活在中国时产生了这个想法。当时，他正在与父亲合作，一起推进 4 年前共同创立的一家生物医药公司。在器官诺沃（Organovo）公司工作期间，他们开发了一

种 3D 生物打印技术，可以在体外生产真实的人体组织，使制药公司不必使用真人的器官即可测试新的药物。而福加奇偶然在与一位皮革业高管交谈时，这位高管帮他想出了一个全新的概念。“既然你可以打印出人的皮肤，”这位首席执行官追问他，“那能打印出牛皮吗？想想看，如果你能直接打印出皮革给我，我可以在买鞋上省下多少钱？”商人幻想着，“我只想要牛皮，为什么要养整头牛呢？”

福加奇从未考虑过这个问题。然而，在与其他皮革行业的领袖沟通后，他开始认为或许实验室培植皮革真的是一个可行的商业想法。“我作为一名企业家的答案是肯定的，”福加奇回忆道，“但老实说，我也不太确定。”

尽管如此，他还是对这种可能性表示怀疑。如果我们能制造出功能齐全的医用级别人体组织，难道就不能制造出食物甚至纺织级别的动物组织吗？这个问题也引起了他的兴趣，他希望通过科学突破解决肉类生产所涉及的严重的可持续性问题。

这一想法成为了一家新初创公司的基础，该公司专注于为肉类和皮革培植动物细胞。因此，在 2011 年，也就是马克·波斯特在伦敦举办汉堡品鉴会的两年前，世界上第一家培植动物制品公司现代牧场应运而生。

如今，皮革的浪费非常严重，因为牛并不会长成钱包、鞋子和手表带的形状。但在实验室里，你可以把皮革培植成任何你想要的形状。把牛从生产过程中分离出来，可以创造出设计和性能的全新可能性，包括想要的薄厚、轻重，甚至是半透明或其他前所未见的全新类型的皮革。福加奇告诉我：“这不是皮革的仿制品，而是皮革的创新。”

现代牧场将其产品推向市场的计划之一是最大限度发挥为时尚业客户提供稳定性的优势。该公司的战略并非生产自己的鞋子和夹克，而是给皮具制造商提供原材料，再由皮具制造商将其制成手袋和其他皮革产品。这些制造商将不再受肉制品市场价格波动的影响。如果发生旱灾导致饲料作物价格暴涨，皮具制造商也不必担心。如果暴发疯牛病等疾病导致牛群大量死亡，现代牧场的生产过程也不会受到干扰。从非常现实的角度来说，将皮革业从养牛业中剥离出来，对皮革制造商来说可能是梦想成真。这也可能是地球梦想成真的一刻。

福加奇开始行动

和波斯特一样，福加奇也不是素食主义者，而且他最初的资金也不是来自亿万富翁投资者，而是来自政府。福加奇在2011年申请并获得了美国农业部和美国国家科学基金会的研究资助，以帮助其创办现代牧场。美国农业部希望资助福加奇的肉类研究，而国家科学基金会则是赞助他的皮革实验。

在从联邦机构获得六位数拨款的同时，福加奇也在寻找私人资金，他找到了贝宝创始人、亿万富翁彼得·蒂尔（Peter Thiel）的风险投资帝国的拨款部门“突破实验室”（Breakout Labs）。就像对美国农业部和国家科学基金会所做的那样，福加奇说服了蒂尔的基金会，自称他的新创公司有足够的潜力获得35万美元的投资。“我们的重点是资助突破性的科学，特别是那些有可能真正改变人类生活方式的想法和发明，”突破实验室的执行董事、蒂尔基金会的投资高级副总裁林迪·菲什伯恩

（Lindy Fishburne）说："扪心自问，如果现代牧场成功地实现了生物制造皮革技术，这将会影响到多少主要行业。"

在获得蒂尔六位数的资金后，福加奇开始吸引硅谷许多大牌公司的风投资金，其中包括一些早期投资于油管网、调查猴、苹果、甲骨文和贝宝等科技领域的公司。他甚至从石油大亨约翰·洛克菲勒（John D. Rockefeller）的曾孙贾斯汀·洛克菲勒（Justin Rockefeller）那里筹集到了资金。

起初，福加奇同时专注于牛的内部和外部（牛肉和皮革），但他很快就改变了主意。牛排条的生产当然比整块牛排容易得多，而且他真的很喜欢让消费者拿起一袋自己生产的牛排条的想法。但这仍然存在很多问题。尽管投资者最初对牛排条反应积极，但福加奇深入思考了商业化会遇到的严重阻碍。"人们对食物有非常强烈的看法，尤其在涉及新技术时，"福加奇指出，"但他们对戈尔特斯*和碳纤维等新材料的看法就不会那么强烈。"

正如一些业内人士所指出的，在某些方面，清洁肉行业仍然缺乏推销这种新奇食品的"正确故事"。换句话说，仅仅陈述有关新技术的事实是远远不够的，你必须用一种让人们感到舒服的方式来介绍它。

举个例子，在20世纪70年代之前，美国人真的对吃寿司不那么感兴趣。这道由海苔和生鱼片组成的菜肴对当时的美国人来说太异国情调了。关于寿司如何成为美国人的最爱的故事，也许只是虚构出来的，但仍然很有意义。据说，洛杉矶一位富

---

* 戈尔特斯（GORE-TEX）是一种轻、薄、坚固且耐用的薄膜，它具有防水、透气和防风功能，弥补了一般防水面料不能透气的缺陷。——译注

有创新精神的日本厨师想要吸引顾客多吃寿司。他知道美国人不太喜欢吃海苔，就把寿司卷改造成米饭在外、海苔包在里面的样子。接下来，他用一种同样富含脂肪的植物性食物——牛油果——取代了脂肪丰富的生金枪鱼，前者是南加州人本就喜欢的食物。获得认可的最后一步是不再使用日式名称。加州卷就是这样诞生的。随着销量增长，美国人也开始慢慢喜欢上这种文化上不同寻常的食物，并最终喜欢上了所有类型的寿司。

这可能正是细胞农业群体所需要的：某种类型的入门产品，让人们对培植动物制品的理念有更多的了解。一旦消费者习惯了穿实验室培植的皮革，吃实验室培植肉的想法还会像今天看起来那么陌生吗？皮革似乎确有可能为培植牛肉铺平道路，最终也为其他培植肉类铺平道路。寿司的故事可能不是一个完美的类比（毕竟,尽管不是混在一起吃,但美国人已经习惯吃米饭、鱼和蔬菜），但它确实为培植动物制品供应商所面临的问题提供了一个宝贵的思路。

既然人们似乎一直对穿人造皮革没有意见，所以福加奇的预测很可能是正确的。他预测当现代牧场的真皮上市时，没有人会对它另眼相待。但这是否会让人们更愿意吃培植牛肉仍然是未知数。我们愿意穿在身上的东西和放进嘴里的东西之间有着巨大的差别，而且合成皮革的接受度并没有改变人们对合成食物的看法（尽管我们大多数人经常吃含有合成成分的食物，比如调味品和奶酪中的凝乳剂，但我们甚至都不会考虑到这一点）。

在某种程度上，现代牧场至少已经开辟了生物合成动物织物的道路。与清洁肉不同，一些人已经开始购买以实验室培

植的动物制品为基础的服装，其中许多服装采用的技术与本书中讨论的一些公司所采用的技术相当。例如，总部位于加利福尼亚州的螺栓纹公司正在进行体外蜘蛛丝培植（即蜘蛛网的组成材料），从经过处理的酵母细胞开始培植，这种酵母细胞可以吐出极为结实的蜘蛛丝产品中天然存在的蛋白质。与更常见的蚕丝——已经过多个世纪的驯化和培育，用于生产丝绸——不同，蜘蛛丝要坚固得多，有些种类甚至比凯夫拉纤维* 更结实，同时又像丝绸一样柔软。但试图让生产蜘蛛丝商业化的问题是，养殖蜘蛛并不容易，通常在昆虫养殖所需的拥挤环境下，蜘蛛会互相吞食，这并不利于盈利。（马达加斯加的一个团队在 2009 年确实成功地生产出一种由养殖蜘蛛丝制成的服装，但他们用了 4 年才成功地养殖出大量蜘蛛）。

在筹集了 9000 万美元的风投资金后，螺栓纹公司在 2017 年推出了它的第一款商业产品，一条零售价为 314 美元的领带（作为数学爱好者，他们非常喜欢圆周率，即 3.14），只有 50 名幸运的中奖顾客才能买到。该公司还与巴塔哥尼亚公司签署了一项生产人工培植的蜘蛛丝服装的协议。一家名为蜘维（取“蜘蛛纤维”的缩写）的日本竞争对手公司也在做同样的事情，并在 2015 年与乐斯菲斯合作生产了一款耐用的冬季外套——月亮派克大衣（Moon Parka），以实验室培植的丝绸制成。在撰写本文时，这种大衣在日本的零售价为 1000 美元。鞋商阿迪达斯也已经开始使用实验室生产的蜘蛛丝，名为生物钢丝（BioSteel），

---

* 凯夫拉纤维（Kevlar）抗拉性能极强，强度为同等质量钢铁的 5 倍，而密度仅为钢铁的五分之一，因此在 20 世纪 70 年代初被用于替代赛车轮胎中的部分钢材。此外，凯夫拉纤维不会像钢铁般与氧气和水产生锈蚀。——译注

由蜘维公司的德国竞争对手 AM 丝绸（AMSilk）制造。该公司宣称，“这种由铅笔粗细的蜘蛛丝纤维制成的蜘蛛网，可以承重一架满载的重达 380 吨的巨型喷气式波音 747 飞机”。

但目前还不清楚这种实验室培植的新型蜘蛛丝服装最终是否会大幅影响消费者对现代牧场实验室培植的皮革的感觉。除了很多人每天都穿皮革（与丝绸不同，尤其与蜘蛛丝不同）之外，牛皮的制作也比蜘蛛网更复杂；而且皮革在视觉上很容易被消费者识别出好坏，这一点也与丝绸不同。

当福加奇刚开始培植皮革时，他采用了类似其他清洁肉公司所用的工艺：进行活体组织检查（这次是皮肤而不是肌肉细胞），让它们生长并产生更多胶原蛋白，然后将其摊开形成薄片，再将薄片层层叠加。随着他不断完善生物制造技术，这个过程也变得越来越精细。当意识到皮革最重要的部分只是胶原蛋白时，福加奇想，既然胶原蛋白可以将一切固定在一起，为什么不抛弃牛的细胞，仅仅培植胶原蛋白呢？“胶原蛋白”这个词来自希腊语“kolla”，意为“胶水”。就这样，有史以来第一张真正的人造牛皮被制成了，甚至不需要任何初始牛的活检。（我们将在第 7 章讨论这种被称为无细胞农业 [acelluar agriculture] 的方法。）

用胶原蛋白分子构造皮革的可能性基本上是无穷无尽的。福加奇正在生产牛胶原蛋白，但他很快指出，只要简单地改变一下氨基酸序列，就可以生产出美洲鳄胶原蛋白或非洲鳄胶原蛋白。从某种程度上来说，认为皮肤只属于某一种动物是很不合理的，因为平台的可塑性强到人们可以创造出所有类型的“皮肤”，甚至包括进化过程中没有出现过的皮肤。现代牧场的首席

创意官苏珊娜·李（Suzanne Lee）在2016年年底接受《福布斯》采访时提出了这一观点："如果不受动物的约束，那么就可以用想要的方式构造皮革。胶原蛋白才是我们正在生产的材料——用新的方式进行组合，创造出自然界中不曾存在的皮革。"

福加奇认为自己生产的皮革除了具有高效率和高功能性的优势外，这也是他可以实现的价值密度最高的产品。一头屠宰场中的牛的经济价值中有10%左右出自皮革，其余出自动物内部，尤其是肌肉。但按每盎司计算，皮革的价值比肌肉更高，这意味着比起专注于肉类商业化，现代牧场在价格上的竞争会更容易成功。

福加奇相信，他在这场竞争中的优势马上就会显现出来。目前，30%～50%的牛皮被扔进垃圾填埋场或被用作极低端的填充物。无论是因为形状不对，还是因为有伤疤、虫子叮咬等不完美之处，又或是其他问题，牛皮总会因很多缘由被贬值。然而，在实验室里，皮肤处于一种原始的状态，当然也只会按照所需的形状被生产出来。

培植皮革开启商业化之路

早在2013年，为了更靠近时尚业，现代牧场从创始地密苏里州搬到了布鲁克林军事车站。当时，安德拉斯和他的父亲加博（Gabor）与食品技术公司汉普顿克里克联合创始人、美国人道协会高管乔希·巴尔克（Josh Balk）见了一面。巴尔克当时正在与越来越多的初创公司合作，试图对抗工厂化的食品生产模式。杰森·马西尼把他介绍给福加奇父子，他知道巴尔克会被

现代牧场打动。

2014 年，也就是巴尔克与福加奇父子首次会面的第二年，巴尔克前往香港与曾为汉普顿克里克投资了七位数的维港投资（Horizons Ventures）会面。巴尔克和维港投资联合创始人周凯旋在香港最繁华的一座摩天大楼里享用茶点和吐司早餐时讨论了食品科技领域还有哪些机会，巴尔克鼓励周凯旋投资现代牧场。

周凯旋被巴尔克的提议打动，于是向李嘉诚提出了投资该公司的想法，而李嘉诚的资本为维港投资提供了动力。据报道，作为亚洲最富有的人之一，李嘉诚的净资产高达 340 亿美元。他碰巧也是一名虔诚的佛教徒，几乎是纯素食者。他被《亚洲周刊》评为亚洲最有权势的人，拥有大量企业。这位八十多岁的富商试图通过维港投资进一步扩大自己的财富和影响力，难怪他在中国被亲切地称为“超人”。

2014 年，这位“超人”成为细胞农业公司的首个主要投资者，并宣布向现代牧场投资 1000 万美元以支持其将实验室培植皮革商业化。这样一笔资金的注入无疑是历史上对培植动物制品研究最大的单笔投资，事实上，这比以往所有政府和私人投资者在这方面的投资总和还要多，给生物制造带来了新的曙光。几个月内，福加奇的员工增加了一倍多，并最终聘请了杜邦公司顶级技术领袖大卫·威廉姆森（David Williamson）担任现代牧场的新任首席技术官。

“我们都知道，清洁肉还需要几年时间才能上市，”福加奇说道，“商品化的生物合成皮革也是如此。但至少有了奢侈皮革产品，我们就有可能在短期内实现商业化。”2016 年，《克莱恩》

商业杂志报道，福加奇预计他的皮革产品将在2018年上市。尽管在被问及这一问题时，他有点含糊其词，说他预计那时会有一个示范工厂。但他确信其皮革产品“很快”就会上市。现代牧场已经在生产大张皮革，并能够迅速进行迭代，这是他们进军市场的关键标志。

随着现代牧场技术的不断进步，维港投资看到了其真正的商业化潜力，对持有的股份产生了更大兴趣。2016年年中，维港投资牵头对现代牧场进行了新一轮融资，为现代牧场追加了总计4000万美元的资金。

就在史无前例的巨额资金进入现代牧场银行账户一个月后，我与福加奇、威廉姆森一起站在现代牧场位于布鲁克林的会议室里，福加奇自豪地递给我一张黑色皮革样品。两年后，几乎就在同一天，我站在同一间办公室里，吃了世界上第一批牛排条。对我来说，这块皮革和真正的牛皮没什么区别。此外，它只需要几周的时间就能生长出来，而牛皮则需要几年。

现金充裕加上预示着筹资的新头条新闻，福加奇已经准备好开始商业化之路。他已经在与奢侈品皮革行业的伙伴合作，尝试用他的品牌皮革制作奢侈品。他预测将主要先售卖价格较为高昂的皮具。“我们首先会在价值上竞争，而不是价格上。”他指出。这意味着他的第一批产品将针对高端时尚消费者，而不是普通大众。但他的计划是在未来几年内，让现代牧场的第一个全规模工厂开始生产最实惠的皮革产品。

在某种程度上，现代牧场正在做的事情有点类似于实验室培育钻石行业。就像畜牧业一样，钻石开采也充满了伦理和环境问题。科学家们现在已经找到了在实验室生产真正钻

石的方式，这种钻石与开采的钻石基本相同，价格却要便宜20%~40%。在某些情况下，人造钻石甚至比开采的钻石更亮、更“完美”(从珠宝商的角度来看)。人造钻石完全可以被当作更实惠的传统钻石进行市场化，但只要搜索一下“实验室培育钻石”，就会发现他们的市场人员正在充分利用其产品的优势。“生态友好”“无冲突”和“纯天然”等术语在实验室培育钻石的销售网站上比比皆是。至少有一家实验室钻石制造商已经开始将各种开采的钻石称为“土钻”(这不禁让人思考，人造钻石公司还要多久才能开始将它们的钻石推销为“清洁钻石”)。

自那以后，联邦贸易委员会表示，“实验室培育”和“实验室创造”等术语——有时也被称为培植或培育钻石——将“更清楚地传达出钻石的本质”。对于钻戒来说，这并不是最浪漫的名字；而在实验室里经过几周时间培育出来的钻石也不像在地底经过几百万年自然形成后开采出来的钻石那么珍贵。

这可能就是实验室培育的钻石只占钻石首饰行业的一小部分的原因。尽管珠宝巨头戴比尔斯(De Beers)已经在生产自己的人工培育钻石,但只是用于工业用途,而不是用于时尚。(戴比尔斯现在还向珠宝商出售其发明的特殊机器，以帮助他们区分天然钻石和实验室培育的钻石，因为即使是显微镜也无法检测到二者的差异。)由于钻石也有许多非珠宝用途，例如在电子市场中被用作散热片；钻石也因其强度和精度而被用于工业切割。因此，对人造钻石的需求仍然很大。但谴责钻石开采在非洲加剧了冲突的人权倡导者们希望追求珠宝的人能够对实验室生产的宝石感到满意，甚至更偏爱它们。人们已经有机会以比开采钻石便宜得多的价格获得功能等同的钻石，这推动了人造

钻石市场的发展。

不过，实验室培植皮革的前景可能最终会优于钻石。钻石的一部分魅力在于它们的“稀有性”，即使这其中包含了更多的虚构成分而非现实。因为我们看重那些被认为很难获得的材料，所以实验室培育钻石看起来就没有那么特别。当然，没有人认为皮革是稀有的，哪怕一些品牌的皮革产品可能价值不菲（比如爱马仕的包）。与钻石不同的是，很少有人认为买个皮带或钱包是件特殊的事情。但是，即使培植皮革行业只能做得和现在的实验室培育钻石一样好，福加奇的投资者可能也会相当满意。

虽然这些投资者在生物制革领域的初创企业出现之初就占有一席之地，但 2016 年与加州大学旧金山分校合作成立的一家名为体外实验室的公司正试图与一款名为和善皮革（Kind Leather）的产品展开竞争。体外实验室从牛、鸵鸟和尼罗河鳄鱼的细胞开始实验并声称开发出了一种比现代牧场更好的培育皮肤的方法。体外实验室并非从胶原蛋白开始培育皮肤，而是从所谓的诱导多能干细胞着手，这种细胞本质上来自成年动物的干细胞（与胚胎干细胞相反），它可以被塑造成任何你想要的类型的细胞。

在 2016 年年底发给潜在投资者的一封信中，体外实验室表达了其培育方法优于现代牧场的信心。这封信主要是关于该公司主张的干细胞方式可以提供现代牧场的方法所缺失的细胞结构，包括赋予皮革天然质地的表皮（尽管福加奇对此表示异议）。体外实验室的目标是在 2018 年之前进行初步试生产，并声称在本书撰写时已经生产并鞣制了两轮皮革样品。

福加奇欢迎竞争对手进入该领域，但他认为植物性皮革制

造商，比如旧金山湾区用蘑菇孢子生产替代皮革的初创企业麦可产品（MycoWorks）在这一领域更具竞争力。通过加工菌丝体（蘑菇的根状纤维）以及植物性农副产品，麦可产品生产的是视觉和触觉上都与皮革并无二致的材料。当然，与现代牧场不同的是，麦可产品生产的仍然是皮革的替代品，而不是真正的皮革。

但福加奇的主要竞争对手并不是实验室培植的皮革或蘑菇，而是传统的皮革生产行业。几十年来，由于廉价的合成材料，该行业的需求在一定程度上受到了侵蚀。然而，就像开采的钻石一样，直到最近皮革生产商才不得不与没有区别，甚至功能更优越的产品竞争。如果福加奇如愿以偿，这一切都将改变。

随着现代牧场接近商业化的圣杯，它要做的决策也越来越多。例如，一个至关重要的问题是，是否要取一个品牌名称让消费者清楚地知道他们购买的是与众不同的东西。同时也更容易让使用生物合成皮革的商品制造商看到其好处，且无须说明新产品线的优势和体外生产的性质。

毕竟，有多少消费者考虑过他们穿的鞋子是用什么材料做的？也就是说，考虑到人造皮革可以提供巨大的功能优势，坦率地介绍技术可能会是一种营销优势，让一些消费者专门寻找用这种新皮革制作的第一批产品。

福加奇倾向于全身心投入到品牌建设中。在 2016 年新丰收举办的一次座谈会上，他请听众举手说出一个皮革品牌，但结果没有人举手。当然，用皮革制作的鞋子、手袋、腕表都有流行的品牌，但皮革本身却没有那么多有名的名牌。“这是一个千亿美元级的原料市场，就皮革而言，没有人能给它打上品

牌。我想创造一个令人向往、可持续生产且具有可调节性的皮革品牌。”

至于究竟该如何称呼这个皮革品牌，这位企业家在经过焦点小组和其他市场调查后得出了很多方案。当最初被追问到他最喜欢的想法时，福加奇一边微笑，一边思考自己最可能选择的品牌名称。他说："我喜欢漫威漫画中创造出来的‘艾德曼合金’（adamantium）这个名字。”他指的是包裹在《X 战警》中金刚狼的爪子和骨架上的那种虚构的、几乎坚不可摧的材料。“不过，我并不是要找一个意味着坚不可摧的品牌名称。在确定名称之前，我们曾开玩笑地用电影《阿凡达》中的‘难得素’（unobtanium）作为同事之间对它的指代。”福加奇指的是虚构的月球潘多拉上的矿业公司所觊觎的一种稀有且极有价值的物质。但最终，他决定将新的生物制造皮革命名为“佐阿”（Zoa），即希腊语中的“生命”之意。“我们所做的事情的本质是为新材料带来生命，而佐阿这个名字可以帮我们讲述这样的故事。”

福加奇目前已经筹集到超过 5000 万美元的资金，他的办公室里有几十名员工正在辛勤工作。目前，他们都在从事皮革方面的工作，肉类方面的业务被视为潜在的未来机遇。牛排条只能等。但即使手握投资人的资金，福加奇仍觉得自己还有很远的路要走，并没有把公司的早期成功视为理所当然。

“有资金固然是件好事，但并不能确保我们一定能取得成功。这就像登山途中的大本营，有为你储备好的物资确实让人开心，但你还是要去真正地爬山。而在这个过程中，很多事情都可能出错。”换句话说，他们既要搞好技术，也要搞好最引人注目的作为初始细胞农业产品之一的市场投放。

首席技术官威廉姆森将公司的努力与如今能源行业的转型进行了比较。“重大投资带来了伟大的创新，让我们不再依赖煤炭和石油。我们正在尝试做的事情也是一样的。”

如果现代牧场或者像体外实验室这样的竞争者能够产生其创始人所希望的影响力，如果他们的品牌皮革能够成为消费者广泛接受其他清洁动物制品的必经之路，那么所有培植公司都会收获多方面的利益。李嘉诚的大手笔投资让现代牧场在这场竞争中占据了巨大的优势，也让它有机会彻底改变这个亟须被颠覆的行业。

带毛皮的哺乳动物是人类最早以动物为基础的衣料来源，在人类历史的大部分时间里，毛皮仍然是外部保暖的主要工具。在过去的几千年里，人类更依赖牛皮而不是其他动物的毛皮来制作衣物。撇开剥削动物的道德观不谈，在人类人口比如今少得多的时候，饲养牛、鞣制牛皮对地球和公众健康的威胁要小得多。但如今有近 80 亿人需要衣服，像我们的祖先那样生产衣物会带来严重的威胁，这就是皮革业的重塑时机已然成熟的原因。

“我相信，当我们 30 年后回过头来看如今我们是如何饲养和宰杀数十亿只动物来制作汉堡和手提包时，我们会认为这是浪费，是不人道的，也着实疯狂，”福加奇迫不及待地说道，“我们不能再仅仅把动物作为一种资源来屠杀，而是应该去做一些更文明、更进化的事情。无论是从比喻意义还是字面意义上来看，我们也许已经准备好接受更文明的东西了。”

第5章

人造肉进入美国

“当涉及美国人的健康问题时，研究结果非常清楚地表明了一件事：我们都需要多吃植物，少吃肉。”

瓦莱蒂的求索

安德拉斯·福加奇和现代牧场的同事们一致认为皮革是培植动物制品进入市场最可靠的切入点。但养牛的主要原因是为了牛肉，而不是为了牛皮。通过生物制造皮革来抢占部分牛皮市场会使养牛的经济效益下降，但只要我们仍对牛肉有巨大的需求，牛依然会被集体饲养，给地球造成巨大的损害。

也就是说，除非我们能在没有牛的情况下生产牛肉。

很有可能的情况是，实验室培育的皮革会比牛肉更早上市，至少是大范围的上市。福加奇是对的: 皮革的生产难度比肉类小得多，面临的监管障碍也更少，而且更容易吸引消费者。但问题的关键是，总得有人成为第一个将清洁肉商业化生产的人。马克·波斯特证明了这是可能的，而安德拉斯·福加奇则因其新奇的牛排条受到关注。但是，在清洁肉产业开发出真正的传统肉类替代品，并使其广泛用于大众消费之前，真正的变革并不会到来。乌玛·瓦莱蒂博士正在致力于实现这一目标。

瓦莱蒂对人类肉类消费的担忧可以追溯到他的童年时期。12 岁那年，住在印度东南部安得拉邦的瓦莱蒂参加了邻居的生

日聚会。在这个风景如画的日子里，孩子们兴高采烈地在前院奔跑，而他们的母亲已经放弃在这个下午安抚尖叫的孩子的努力。糖果如水流般四处流淌，高涨的糖分助长了生日的幸福感。但是，当前院的欢乐正在进行时，这个小男孩决定休息一下，到房子的后院去冒险。

等待瓦莱蒂的是一场残酷的对比。

就在前院的孩子们正享受着自己生命中的欢愉时，那些很快就要成为孩子们食物的动物却在为它们的生命感到恐惧和害怕。瓦莱蒂看到被绑在木桩上的一只山羊正在瑟瑟发抖，它眼看着另一只山羊被按在地上宰杀，它拼命踢腿，徒劳地为自己的生命抗争着。笼子里的鸡瘫坐在地上，和那只山羊一样，等待被送进屠宰的队伍。

在这些注定要死去的动物的哀嚎声中，瓦莱蒂能听到前院里欢呼雀跃的亲朋好友们正在唱着“生日快乐”。

瓦莱蒂回忆说：“那时候我才真正意识到，有生日，也有忌日——在同一时间、同一地点。”欣喜和痛苦的并置在他的脑海里种下了一颗种子并在多年后发了芽。

作为曾与圣雄甘地一起为独立而战的印度自由战士的孙子，瓦莱蒂从小就有一种强烈的使命感，那就是要帮助那些有需要的人，也包括动物。他对动物的爱，一部分来自他的父亲——一位兽医；同时，他从母亲那里培养了对科学的热情，他的母亲是一位物理老师。

瓦莱蒂一家因为信奉印度教，所以不吃牛肉，但他们会吃鸡肉、羊肉、鱼虾和其他不被看作圣洁的动物，大多是在周末吃，他们的很多邻居也是如此。所以直到多年后，当瓦莱蒂就读医

学院时，他才开始认真考虑自己的肉食问题。

瓦莱蒂回忆说："我曾读到过关于吃肉比吃素效率更低的文章，但比浪费更让我困扰的是动物们遭受的巨大痛苦，看到它们在市场上排着队走向死亡，我非常痛苦。在我看来，它们似乎很清楚死亡即将到来。"

因此，瓦莱蒂决定采用甘地的饮食习惯，完全停止食用动物制品。他继续在医学院学习，并热衷于帮助他的人类同胞。然而他也告诉自己，如果说他有一个想解决的大问题，除了医治病人这一职业之外，那便是阻止曾让他心痛不已的动物痛苦继续发生。

在整个学医阶段，瓦莱蒂一直努力保持着素食者的身份，但总会时不时受到自己味觉和来自同伴的诱惑。"我相信这是正确的事情，但我只是难以将我的饮食与我的道德规范保持一致，"他回忆道，"讽刺的是，在我彻底停止食用动物之前，我离开了世界上最大的素食国家，来到了最大的肉食国家。"

从医学院毕业后，瓦莱蒂于1996年来到美国并准备在梅奥医学中心的心脏病学培训中进一步实现自己的职业梦想。"当我将干细胞注射到患者的心脏后，我开始思考心肌的自我再生过程，"他说，"这对我来说是一个启示，为什么我们不能在身体外的其他肌肉细胞上做同样的事情呢？"

因此，瓦莱蒂开始和同事们讨论这种可能性。"为什么我们不能让肌肉在培养物中生长呢？"他问道，"我们可以直接把肉的细胞培植成人们爱吃的牛肉、猪肉和禽肉。"

他的许多同事表示抗议。你是认真的吗？谁会吃这样的肉？他记得一位医生同事这样问过他，完全不想掩饰自己的质疑。

即使是比较礼貌的回答，通常也表达了对这个想法的反感。大多数情况下，人们都忙到无暇进一步思考。还有人告诉他，我还有心脏骤停的问题需要解决。这里是拯救人的生命的地方，乌玛。

年轻的乌玛并不死心，还继续坚持着。随着他对这个概念进行了更多的研究，他想知道是否不仅可以在体外培植出肌肉组织，还可以将这些肉调整得比大多数人吃的肉更健康。

“我知道，不良饮食、不健康的脂肪、精制碳水化合物正在杀死我的病人，”他说，“但许多人似乎完全不愿意少吃或不吃肉。有些人居然告诉我，他们宁愿少活两年也不愿放弃爱吃的肉。”这种抵制以及他自己在放弃吃肉的过程中所遇到的困难，让瓦莱蒂幻想着有一种解决方案可以既让人们吃爱吃的肉，又不用承担巨大的健康风险。

我们被教导为暴力犯罪和恐怖主义担忧，但我们所面临的最严重的威胁其实来自手中的刀叉。美国人的头号杀手是心脏病，大量证据表明这与重肉食的饮食习惯有关。过度摄入肉类当然不是心脏病发作的唯一原因，但它是罪魁祸首。这也是为什么美国心脏协会宣扬“健康饮食模式中植物性食物的作用”，并鼓励所有人采取类似“周一不吃肉”这样的措施降低做手术的风险。

美国人的另一大杀手——癌症，也与大量食用肉类的欲望有关。世界卫生组织在 2016 年将加工肉列为第一类致癌物，也就是说，我们已经确信加工肉和香烟一样都会致癌。甚至在这个爆炸性的新分类之前，美国癌症研究所在这个问题上就特别明确地表示：“当涉及美国人的健康问题时，研究结果非常清楚地表明了一件事：我们都需要多吃植物，少吃肉。”

摄入过多的饱和脂肪和胆固醇确实不是个好主意，很可能让你躺上像乌玛·瓦莱蒂等医生们的手术台。但我们很有可能培植出和传统肉类一样的肉，只是有一点特殊之处。

瓦莱蒂说："因为超市卖的传统肉中含有大量饱和脂肪，所以我希望这种肉与传统肉类最主要的区别是，它必须更瘦且蛋白质含量更高。"瓦莱蒂指出，清洁肉供应商可以选择在生长的肌肉中添加哪种类型的脂肪。（马克·波斯特制作的汉堡是零脂肪纯肌肉的。）瓦莱蒂所计划的完全是另一种东西。"为什么不使用已经被证明对健康和长寿更有益的脂肪，比如欧米伽－3（Omega－3）？我希望它不只是和传统肉类一样，而是比传统肉类更健康。"

换句话说，比起生产会导致心脏病的汉堡，他想生产的是能真正预防心脏病的汉堡。当你从细胞开始构建一块肉时，就能对想要的肉的种类进行更多的控制。例如，我们知道经常在肉类中发现的饱和脂肪与导致心脏病的动脉斑块堆积有关。调整牛的饮食可能会适度地改变其肌肉中大理石纹的脂肪构成，但如果是单纯培植牛的肌肉，可能就没有多少理由添加这些危险的饱和脂肪了。相反，你可以用橄榄油中含有的更健康的单不饱和脂肪来生成肌肉组织的大理石纹，甚至可以利用亚麻子中的欧米伽－3脂肪酸。这样一来，清洁肉供应商甚至动摇了医学建议中的健康饮食概念。

瓦莱蒂的世界正在走向圆满。他的两个梦想——拯救动物和不再让病人出现在自己的手术室——可能很快就会慢慢地一步步接近现实。

因此，在2005年的一个早晨，年仅30岁出头、刚从梅奥

医学中心毕业的瓦莱蒂做着关于细胞培植肉的美梦，希望能为这个世界做些好事。他想知道其他人是否也有这样的梦想，于是便到谷歌上寻找答案。惊喜的是，他发现最近成立的新丰收就是为了将这种幻想变成现实。

在仔细浏览了新丰收的网站后，他给杰森·马西尼发了一封邮件，向这位早期的培植肉“先知”介绍了自己的医学背景，并表示有兴趣帮助他完成使命。

得到的回复迅速且热情，瓦莱蒂订了一张去华盛顿的机票。

“杰森是个天才，”瓦莱蒂回忆起与这位公众卫生专家的第一次见面，“我是一名训练有素的医生，而这个从未在医学院待过一天的家伙在组织工程方面知道的比我还多。”

马西尼同样对瓦莱蒂印象深刻，并邀请他加入新丰收的董事会。一到那里，瓦莱蒂就意识到世界上有很多人都有着共同的兴趣，即希望通过发展细胞农业这个新领域重塑肉类产业。由于几乎没有人在认真研究这项创新，他希望自己可以激励更多学者和其他人投身其中并投入资金展开研究。

众多组织工程师告诉他，他的想法是可行的，但在没有研究经费或其他资金支持的情况下，没有人会把自己的事业投入到细胞农业中。谁知道这样的产品会不会有市场呢？他被告知，“恶心”这一因素的影响实在太大了，在培植组织和病人身上做实验是一回事，但让人吃下去就是另一回事了。

瓦莱蒂说：“说白了，组织工程在医学领域大有可为，但很少有人意识到在食品领域也可以如此。”

几年过去了，与需求相比，进展显得那么微不足道。现代牧场开始生产牛排条，但后来又转向了皮革。当时的马克·波

斯特主要专注于学术研究，而不是商业化，更不是市场营销。没有人对将无动物肉推向市场有任何紧迫感，而肉类行业又是最需要被颠覆的地方。瓦莱蒂开始重新评估自己到底想在这个几乎不存在的行业中扮演什么角色。多年来，他一直担任新丰收的董事会成员，但现在他不知道这样是否足够。在医学院的梦想离成为现实太遥远了，他也觉得自己想做的不仅仅是一个旁观的啦啦队队长。瓦莱蒂开始意识到，他想亲自上场。

10 年来，在看到距离超市货架上真正放上清洁肉的进展仍微乎其微，以及瓦莱蒂现在已经是成功的明尼苏达大学心脏病学家，他知道是时候把资金放在生产出想要人们去吃的肉上了。于是，在 2015 年，瓦莱蒂和尼克·吉诺维斯（Nick Genovese）一起在大学开设了专门的清洁肉研究实验室。尼克·吉诺维斯原来是一位家禽养殖户，后来转为素食主义者，再后来成为一位干细胞生物学家。他喜欢肉的味道，但就是不想为了吃肉而杀死动物。

研究表明，这项工作所需要的认真专注和投入在扩大规模上的努力并不适合像波斯特的实验室这种学术环境。“在学术界，”瓦莱蒂说，“重点是资金、刊发论文、终身教职，以及沉重的大学管理费用和间接成本。”此外，目前学界的许多系统都是为了支持器官再生工作而建立的，而不是瓦莱蒂和吉诺维斯试图快速突破的领域。

此时，在实验室开张仅短短一年后，瓦莱蒂就意识到，如果不把自己的业务搬离学术界，他可能永远也无法真正用清洁肉培植厂取代工厂化农场。因此，他被迫要做出人生中最重要的决定：是否应该搁置心脏病学的事业转而去创业？

“我从 12 岁开始就一直在思考这件事，”他说，“我在心脏病学领域有着非凡的职业生涯，眼前这条路可以让我在未来几十年获得丰厚的经济收益。”作为顶尖的心脏病学家，他可以追求激动人心的创新并从事能够拯救生命的工作，也肯定会获得可观的收入。要放弃这些，他就不得不停下来仔细想想。除了成功的事业，瓦莱蒂还在许多国家和地方的组织中担任领导职务，如美国心脏病学院、美国心脏协会等。他还有两个小孩，尼尔（Neel）和塔拉（Tara），他们或许还有 20 年的学业要完成。瓦莱蒂彻夜不眠，思考着正确的选择，也与许多亲朋好友谈论了自己的困境。

一天晚上，他和妻子姆鲁娜莉妮（Mrunalini）坐在厨房的餐桌前，希望能得出一个结论。姆鲁娜莉妮是双子城的一位儿童眼科医生。“听着，乌玛，”她在餐桌前正视着丈夫说道，那画面就像直接从电影里剪辑出来的感伤场景，“我们一直都想这么做。我不希望回过头来看的时候会后悔为什么我们没有勇气去研究一个可以让这个世界变得更善良、更美好的想法，让我们的孩子和他们这一代人受益。”

在妻子的支持下，瓦莱蒂被说服了。“我意识到美国有 2.5 万名心脏病专家，但致力于结束肉类工业无数不良影响的人却只有少数几个。有了她的支持，我知道自己该怎么做了。”

全球第一家人造肉公司

瓦莱蒂和吉诺维斯开始组建创业团队，他们面试了许多在骨骼肌生物学方面经验丰富的博士，最后请来了威尔·克莱姆

（Will Clem）—— 一个完全不是素食主义者的组织科学家。除了是生物医学工程博士外，克莱姆还是一名认证合格的烧烤专家，他的家族在孟菲斯拥有惠特烧烤店（Whitts Barbecue），这是一家有几十家分店的连锁餐厅。

于是，在 2015 年年底，全球第一家专门致力于清洁肉商业化的公司诞生了。（回顾一下，虽然马克·波斯特和彼得·维斯特拉特在 2013 年向全世界首次推出了他们的汉堡，但他们在 2016 年年中才在荷兰成立了商业企业默萨肉类。）

由于现代牧场现在只专注于皮革，克雷维食品（Crevi Foods）公司基本上在美国成为了这种新型肉类的代表。“Crevi”在拉丁语中的意思是“出现”或“涌现”——这与瓦莱蒂的医学训练有关。作为对 80 年前丘吉尔的想法的回应，瓦莱蒂如此解释公司的创立：“在这个时代，我们还需要把整个生物体分解成小块，只为得到喜欢吃的那一点组织吗？或者说，我们能否从生命构造的基础——细胞——就改变这种范式，培植出我们想吃的组织？我们的目标是创造一个可以拥有动物制品而不伤害生命的世界。”

下一步要做的是争取资金。

瓦莱蒂与独立生物（IndieBio）取得了联系，向对方介绍了自己创业公司的想法。独立生物是一个由 SOS 风险投资（SOS Ventures，现在简称为 SOSV）公司投资的加速器项目，旨在支持全新的生物技术创业公司。独立生物的项目总监和风投合伙人瑞恩·贝森科特（Ryan Bethencourt）回忆起瓦莱蒂的介绍。

“不管我们能把植物肉做得多好吃，大多数人还是想吃真正的肉。”贝森科特说。这位三十多岁的古巴移民之子一直在生物

技术领域工作，他创办了自己的公司，也通过独立生物这一项目投资了其他公司。他联合创办的独立生物旨在解决一些人类最棘手的问题。贝森科特自己就是素食主义者，他看好清洁动物制品市场并不是因为自己的素食主义同胞，而是那 90% 吃动物制品的人。“不管植物性食物做得有多好，要让人们把它当成‘肉’很难，”这位风险投资家认为，“人们还是会把它看作‘假肉’。我们需要的是与动物肉在生物学上完全相同的肉，而现在可以利用生物技术做到这一点。它是肉，是实实在在的肉，只是比我们如今吃的肉更干净、更安全，也更人性化。当我被介绍给乌玛时，我认为这个概念和他们正在进行的科学研究可以解放数十亿只工厂化养殖系统中的动物。我必须尽我所能帮助乌玛和尼克完成他们的使命，就从为他们提供资金开始。”

在邮件往来不到一个小时后，贝森科特和独立生物团队就约瓦莱蒂见面了。一周之内，贝森科特就向这家新公司提供了第一张投资支票，并为他们在旧金山市中心提供了一个实验室，使其得以开始生产一些肉类。就这样，克雷维食品公司开张，直接开始了工作。（瓦莱蒂在北加州开设了办公室和实验室，以便更接近他的财务支持者，但仍有部分时间与明尼苏达州的家人在一起。）

2015 年 10 月，好食品研究所几乎同时成立，推广用植物性和细胞农业产品替代以动物为基础的肉、奶、蛋。好食品研究所是洛杉矶动物保护组织“悯惜动物”（Mercy for Animals）的构想，这是一个独立的非营利组织，它的运作方式就像“清洁肉和植物肉市场领域的智囊团和加速器”，好食品研究所的主管布鲁斯 · 弗雷德里克解释说，他被悯惜动物聘请来启动该组织

并担任第一任执行董事。

“清洁肉和植物性蛋白质公司有可能使大量动物免于遭受工厂化农场和屠宰场的痛苦，所以我们想尽我们所能来支持他们。”悯惜动物的总裁内森·朗克尔（Nathan Runkle）告诉我。

几乎在克雷维食品公司刚刚命名，就有人质疑是不是该改名了。重要的是，独立生物的总经理阿尔温德·古普塔（Arvind Gupta）也坚持认为克雷维这个名字就是不行。在纠结了诸如“明尼阿波利斯肉类”等一些想法后，最终，团队共同认可了“孟菲斯肉类”。这个名字不仅致敬了克莱姆在孟菲斯的烤肉传统，还想象了它所暗指的人类文明早期起源之一的古埃及城市孟菲斯。好食品研究所进行了一些在线调研，以了解“克雷维食品”“孟菲斯肉类”和其他一些选择的表现如何，结果发现孟菲斯肉类的表现最好，该公司从此正式更名。

它的第一个项目是用牛和猪的细胞培植牛肉和猪肉，这些细胞就像瓦莱蒂的心脏注射剂，能够自我更新。研究人员利用肌卫星细胞（同样是骨骼肌细胞的前体）开始进行实验。

在显微镜下，研究人员发现这些细胞看起来与活体动物的细胞一模一样。它们具有相同的表型，这意味着它们有我们习惯吃的组织的相同特征。“和我们吃肉时所吃到的肌肉组织是一样的。”吉诺维斯向怀疑论者保证。对他来说，真正的问题是这种肉能否同样在锅里嘶嘶作响，产生的气味和尝起来的味道是否和传统的肉类一样。他从波斯特的汉堡品鉴会上得知这是可能的，但在真正把肉放进锅里之前，对这个新公司来说，一切还只停留在理论层面。

在用小块的支撑材料固定好起始细胞后，孟菲斯肉类团队

开始培植能用肉眼看到的肉。很快，他们就在培植技术中加入了生理性步骤，使肉的生长方式类似于小牛吃草和其他植物并长成成年牛的过程。之后，他们开始添加营养物质，如肽、维生素、矿物质、糖和氧气，并准备进行量产。他们很快就定期私下烹饪并试吃，试图让配方恰到好处。这时他们还没有开始尝试生产更健康的肉，只是为了磨练制肉技术，以了解如何最好地模仿动物肌肉的生长过程，然后再尝试改进。

该团队继续进行实验。究竟需要多久才能得到合适的质感？又该如何支持细胞的最佳生长并优化肉的质量？培养液中加入多少氧气合适？

瓦莱蒂和吉诺维斯注意到，如果在培植过程中更早地进行收获，肉质就会更嫩，类似于从小牛或小羊等幼崽身上取肉时的情况。如果再等一等就会更有质感，就像年龄稍大的动物的肉的口感。正如孟菲斯肉类的高级科学家埃里克·舒尔策（Eric Schulze）所描述的那样："细胞并不知道自己已经不在动物的体内，我们必须通过训练让它们认识到这一点。"

就像小说家艾萨克·巴什维斯·辛格（Isaac Bashevis Singer）的名言"废纸篓是作家最好的朋友"，孟菲斯肉类实验室一直在生产一些相当昂贵的清洁肉残渣，还远远没有准备好在黄金时段的首次亮相。吉诺维斯回忆说："这就像在没有指导手册的情况下尝试酿造一种新型啤酒：你能做的只是不断地用不同的方法来酿造，直到发现正确的。"

而他们终于找到了正确的方法，或者说至少是足以让他们向世界公开结果了。瓦莱蒂没有像波斯特在三年前那样在伦敦召开大型新闻发布会，而是与好食品研究所合作举办了一场

私人品鉴会，其中还包括视频制作和照片拍摄。好食品研究所的弗雷德里克接受了《华尔街日报》的独家采访，并直接向该报的农业报道记者雅各布·邦吉（Jacob Bunge）抛出了自己的想法。

经过多次试错，知识产权的各种组合也在与日俱增，是时候让世界知道他们的重大新闻了：孟菲斯肉类创造了有史以来第一个培植肉丸。

另一个突破口是生产的成本。马克·波斯特的汉堡曾标价33万美元，而孟菲斯肉类的肉丸则相对便宜，生产成本仅为1200美元左右。虽然离出现在任何一家意大利餐厅的菜单上还很遥远，但它已经越来越近了。

“我们在私下里已经培植、烹饪、品尝过肉丸和墨西哥烤肉，那是一个分水岭，”瓦莱蒂说，“放进嘴里后，很明显在几秒钟内就能尝出一股非常明显的肉味，我已经快忘了肉的味道了。我一直在吃类似肉的东西，这对我来说已经很像肉了，但这次的体验让我意识到，它其实并不完全像我想象的那么像真正的肉。”

2015年12月，孟菲斯肉类在旧金山举办了第一次品鉴会。“这绝对是肉类的未来，”大约一个月后，该公司在发布的首份新闻稿中宣称，“我们计划对畜牧业做的事情正是汽车对马车所做的。清洁肉将彻底取代现状，让食用饲养动物成为无法想象的事情。”

全世界都投来关注的目光。

“嘶嘶作响的牛排也许很快就可以在实验室中培植出来。”邦吉在《华尔街日报》的报道中写道。继而，《财富》杂志预测：

“5 年内你就能吃到实验室培植的肉了。”但《新闻周刊》的标题或许表达得最恰当:“实验室培植牛肉将拯救地球，并成为一笔价值 10 亿美元的生意。”

这些头条新闻甚至引起了著名哲学家萨姆·哈里斯（Sam Harris）的注意，他在自己的热门播客《醒来》(*Waking Up*)上请来了瓦莱蒂，做了一期题为《没有痛苦的肉》的节目。哈里斯在节目中说，他坚信畜牧业是造成动物痛苦的巨大原因，但他也承认自己很难坚持吃素。他对清洁肉的热情和对未来的预测一样炙热。

“就像近代的奴隶主让我们感到震惊一样，后人如果知道工厂化农业带来的后果，也一样会感到惊恐。”哈里斯向瓦莱蒂和他的听众们说，“我们在虐待和杀害数十亿只动物时，或多或少想要做到问心无愧，只是因为我们把细节丢在了视线和头脑之外。如果你能实现你的目标，在现在或将来拥有巨大的市场，我一点也不会感到惊讶。”

哈里斯的同事理性主义者理查德·道金斯（Richard Dawkins）也表达了类似的观点。2013 年，当我问到关于吃肉的问题时，道金斯的回答直截了当:“我希望每个人都成为素食者，在 100 年或 200 年后，当我们回顾如今对待动物的方式时，可能和现在回顾我们的祖先对待奴隶的方式一样。”

哈里斯和道金斯这样严谨的思想家们认为，如今的肉食有一天会被等同于奴隶制度，尽管他们也承认素食是正确的选择，但仍然没有成为素食主义者。这证实了许多清洁肉领域的论点。即使是那些被说服不该吃动物肉的人依然会出于某些原因继续吃肉，像乌玛·瓦莱蒂生产的食物也许可以填补这些人在价值

观和行为之间的空缺。

推广面临的问题

生产出肉丸并向《华尔街日报》透露品尝后的第一手消息是一回事，从原型到出现在杂货店的货架上则完全是另一回事。孟菲斯肉类现在必须获得额外的资金，才能开始考虑将宣传噱头转化为营销现实。尽管该公司的目标是筹集200万美元，但瓦莱蒂说："结果甚至超过了我们的预期。"有肉丸在手，他们很快就从SOS风险投资公司、杰里米·科莱尔（Jeremy Coller）和新作物资本（New Crop Capital）等投资者那里筹集到了超过300万美元的资金。其中，新作物资本是由好食品研究所的弗雷德里克和他的董事会主席尼克·库尼（Nick Cooney）运营的一家价值2500万美元的风险投资基金。

新作物资本对这家初创企业的50万美元投资尤其值得一提，这是该基金迄今为止最大的一笔投资。"我们认为孟菲斯肉类会是肉类行业的未来，"弗雷德里克告诉我，"通过抢占先机，投资者将会得到巨大的回报。他们也促成了世界上最紧迫的两个问题的潜在解决方案：养活到2050年近100亿的人口，以及帮助世界各国履行《巴黎协定》规定的应对气候变化的义务。"

更有趣的是，那位极具影响力的英国金融高管杰里米·科莱尔也将自己的财富投入到孟菲斯肉类。通过对孟菲斯肉类的早期投资，科莱尔发出了一个投资界中许多人都能听到的信号。"当科莱尔说话时，投资者就会听，"全球最大的保险公司之一亚讯（Asurion）的联合创始人兼副董事长查克·劳厄（Chuck

Laue）说，“科莱尔如此关注工厂化养殖及其对地球的影响，他对这些清洁动物制品公司又如此看好，这吸引了很多其他投资者进入这个领域。”

劳厄和妻子珍妮弗（Jennifer）拥有自己的风险投资基金——流浪狗资本（Stray Dog Capital）公司，此外，他们还是孟菲斯肉类的早期投资者。劳厄也是美国人道协会的董事会成员，而珍妮弗则是该协会全国理事会的成员。事实上，流浪狗资本只投资它认为能促进动物利益的初创企业，其数百万美元的投资大部分都给了食品公司（包括植物性和细胞农业）以寻求与集约化养殖进行竞争。

科莱尔的私募股权公司管理着170亿美元的资产，几年来，他一直在抨击畜牧业对环境造成的损害。在2014年与乔希·巴尔克会面并投资汉普顿克里克后，科莱尔开始会见更多在植物肉和清洁肉领域有影响力的人士，并继续投资那些他认为最有前途的公司。

“如果要终结动物工厂化养殖，就需要解决方案，”这位私募股权投资巨头称，“这些公司就是解决方案，其中许多公司可能会做得很好。”

讽刺的是，科莱尔是一位皮衣制造商的儿子，也是素食主义者，现在却花费大量资源来提高人们对动物养殖企业的不可持续性的认识。一位朋友甚至为他写了两篇讣告：一篇是他54岁去世，另一篇是98岁去世。第一篇讣告中的描述用科莱尔自己的话来说是“一个十足的烦人精”，而第二篇讣告则把他称作动物工厂化养殖走向终结的一个关键因素。现在，科莱尔的慈善基金会和个人投资越来越多地朝着同一个目标发展。他解

释道：

> 对投资者来说，工厂化养殖有重大的风险。关于工厂化养殖有四个不利的事实，我称之为‘末世四骑士’：人类健康、气候变化、食品安全和地球资源。工厂化养殖的肉类是淡水、抗生素、森林的头号使用者，而且这并不能高效地养活人类。农场动物对谷物的需求量已经超过了人类，我们必须停止这种疯狂的行为。

就在肉丸亮相一年后，2017 年 3 月，瓦莱蒂再次通过《华尔街日报》由雅各布·邦吉撰写的独家报道向全世界宣布，他现在已经生产并供应了第一款用清洁肉制作的南方炸鸡和香橙鸭胸。各家公司不再只专注于牛肉，家禽很快也会得到应有的待遇。品鉴员在揭幕式后满意地离开，说他们一定会再吃一次。而最棒的是，按每磅的价格来计算，比起一年前推出的肉丸，瓦莱蒂已经把成本降低了一半。马克·波斯特的汉堡肉饼最初的价格是每公斤 230 万美元，瓦莱蒂 2016 年的肉丸是每公斤 4 万美元，而 2017 年生产的这种家禽肉的价格相对更便宜，每公斤只要 1.9 万美元。（当然，这比传统的禽肉还是贵了很多倍，但瓦莱蒂的行动正朝着正确的方向迅速发展。）

关于瓦莱蒂的成果的新闻报道仍在继续，反过来也给肉类行业带来了一些非常受欢迎的关注。正如第 3 章所述，美国最大的私营公司嘉吉公司成为第一家投资清洁肉制品的传统肉类公司，引起了整个蛋白质行业的关注。它加入了比尔·盖茨、理查德·布兰森等亿万富翁投资者的行列，与杰克和苏茜·韦尔

奇（Suzy Welch）一起，为孟菲斯肉类提供了1700万美元的资金，使该公司离商业化更近了一步。

在接受福克斯商业的采访时，嘉吉公司首席执行官大卫·麦克伦南（David MacLennan）讨论了他的新投资，称孟菲斯肉类“生产鸡鸭的方式并不使用传统肉类所使用的资源，因此是可持续的。如果你愿意的话，可以叫它‘清洁肉’。这是一种并非资源密集型的生产肉类的替代方式”。

肉类行业的新投资甚至改变了清洁肉之前的敌人——动物农业联盟——的看法。2013年，联盟的发言人曾称马克·波斯特的牛肉为“科学怪堡”，但在2017年嘉吉公司投资孟菲斯肉类后，该联盟的首席执行官在接受食品安全新闻的采访时发表了完全不同的言论。虽然她对“清洁肉”这个词不屑一顾，但她承认，“根据预测，到2050年，食品生产量需要翻一番，实验室培植肉只是帮助满足这一需求的另一种方式”。

由于嘉吉公司和其他几家公司的投资，孟菲斯肉类将重点紧紧放在生产清洁肉上，并开始向消费者销售。和波斯特一样，孟菲斯肉类的目标是从热狗、汉堡肉饼、鸡块和香肠等碎肉开始，因为生产更复杂的项目（如一块牛排）的技术还没有被研发出来。他们打算在短期内以有限的产品上市，继续获取资金并扩大规模。瓦莱蒂并没有提供上市的具体时间表，但表示会在即将商业化时就这一问题发布公告。瓦莱蒂仍然不确定是宣传独特的清洁肉产品，还是将清洁肉混合到传统肉类中作为过渡。

但可以肯定的是，从现在到那时还有很多目标需要实现，包括一些尚不为人所知的技术突破。然而，也许瓦莱蒂和他的

员工们面临的最大挑战并不是技术，他们有信心找到进一步降低成本并大规模生产的方法。对他们来说，更大的挑战是如何说服消费者这是一种他们真正想吃的食物。

信息传递改变大众想法

孟菲斯肉类应如何将自己的食品推向市场仍然是一个悬而未决的问题，但也许更重要的问题是是否有人愿意吃它们。毕竟很多人一听到动物体外培植的肉类都会本能地反感。俗话说得好，你没有第二次机会给人留下第一印象。人们很难摆脱对任何事物的最初反应——无论是一个人、一个想法，还是这里的一种新食物——这是清洁肉的一大障碍。

一些早期的民意调查让清洁肉支持者很担忧。2014 年，皮尤慈善信托基金会进行了一项民意调查，乍一看，其结果对孟菲斯肉类这样的公司来说并不是什么吉兆。该智库发现，只有 20% 的美国人愿意吃“实验室里培植的肉”。大学生年龄段的受访者最有可能尝试，但还是只有不到三分之一的人表示有兴趣。男性比女性更有兴趣试吃这种假设的产品，不过，和大学生群体一样，仍有三分之二的人不愿意尝试。同样是在 2014 年发表的一项针对比利时消费者的研究发现，有 25% 的人愿意试吃。当被告知环境效益后，这个数字上升到了 43%，还有 51% 的人表示有可能会尝试。换句话说，**人们越了解为什么清洁肉对地球更好，就越愿意尝试。**这说明随着孟菲斯肉类越来越接近商业化，信息传递将会成为重中之重。

但如果大量的消费者都没兴趣争相购买这种产品，它还会

有市场吗？当然，没有人能预测未来，但皮尤的调查也许并不能准确评估消费者想要什么。皮尤的调查只是问“你会吃实验室里培植的肉吗”，而没有解释任何好处，也没有讨论价格。比利时的研究至少表明，当获得更多的信息时，人们很容易动摇。而皮尤的研究人员则让整个调查听起来像一次疯狂的冒险。

其次，正如好食品研究所的布鲁斯·弗雷德里克在一篇关于此话题的博客中指出的那样，规模化的清洁肉不会在实验室里生产。所有的加工食品都是从食品实验室开始的，比如麦片和花生酱。但没有人问:“你会吃实验室生产的玉米片吗？”清洁肉并不会在实验室里生产，而是在工厂（如果你喜欢的话，也可以叫它“酿肉厂”）里进行，超市里销售的大部分食品都是在工厂生产的。食品公司当然有研发团队在实验室里工作，但一旦配方确定，实际的食品生产就会转移到工厂。同样，清洁肉工厂也会与实验室大相径庭，工厂会有巨大的容器来大规模培植肉类。

所以，这些研究提出的问题可能是错误的。事实上，五分之一的人愿意吃“实验室里培植的肉”，显然除了纯粹的好奇心之外没有任何理由，这可以说是对清洁肉行业极大的鼓舞。一旦乌玛·瓦莱蒂有机会告诉消费者们清洁肉的优势，尤其是比屠宰动物的肉更便宜后，消费者似乎没有任何强硬的理由不选择清洁肉。毋庸置疑，不是每个人都会改变肉食习惯，但有足够多的人可能会这样做就足以带来改变，也许还可以带来利润。此外，即使只有 20% 的肉食者愿意选择清洁肉，也足以使其成为价值数十亿美元的产业。

尽管瓦莱蒂充满热情，许多消费者也愿意尝试清洁肉，但

在健康和可持续发展的食品领域，许多知名人士的声音并不在支持的行列中。对一些人来说，食物系统最大的问题是已经有太多的技术参与其中了，他们希望看到更天然的饮食习惯可以取代美国人现有的饮食习惯，并设想回到一个食物加工较少、更本地，最好更有机，并由小规模农场生产的时代，当然最好可以与生物技术无关。

在 2011 年接受丰收公共媒体采访时，纽约大学营养学教授、健康饮食畅销书的作者玛丽恩·内斯特尔（Marion Nestle）在了解到现代牧场早期的努力后，称吃体外生长的动物肉的想法是“令人反感的”。内斯特尔是植物性饮食的长期倡导者，她认为最健康的饮食是她所说的“主要以素食为主”。作为一个偶尔吃肉的人，她自己并不想尝试清洁动物制品。“现在的食物有什么问题？”她在采访中问道，“在我看来已经很好了，也许这是世界的发展趋势，但我不想吃这种东西。”

内斯特尔对吃动物体外生长的肉的反感也是很多人的本能。吃“接近天然”的食物确实具有直观的吸引力，把如今困扰我们的健康困境归咎于看似“不天然”的饮食也可以理解。即便如此，我们现在吃的东西几乎没有真正“天然”的，也不是我们想要的。例如，有多少人喜欢买有子西瓜，而不是那些方便培育成非天然的无子西瓜？有多少美国人愿意放弃苹果？因为苹果树也不是北美本土的产物。又有多少人愿意吃那些小小的、肉嘟嘟的苹果，现今那些硕大甜美的水果正是这种苹果的非天然后代？有一个流行的保险杠贴纸写着：“没有农场就没有食物。”食品历史学家和作家詹姆斯·麦克威廉斯（James McWilliams）建议，考虑到如今几乎所有的食品生产都涉及了

大量科学，也许这些司机也应该贴上“没有科学家就没有食物”的贴纸。

消费者联盟的科学家迈克尔·汉森（Michael Hansen）赞同内斯特尔对食用瓦莱蒂生产的肉的厌恶，他比大多数人更清楚食品安全问题对美国人来说有多严重。消费者联盟是成功争取到《食品安全现代化法案》的主要组织之一，奥巴马总统于2011年签署了该法案，彻底改变了美国食品行业防止食源性污染的方式。消费者联盟也是畜牧业过度使用抗生素的强烈反对者，因为这是抗生素耐药性问题的促成因素之一。

尽管如此，虽然乌玛·瓦莱蒂等人极力宣传清洁动物制品在食品安全方面的好处，也能减少抗生素的使用，但汉森依然不喜欢。“市场不会想要这种肉，尤其是千禧一代，”他告诉我，“现在的趋势是朝着真正的食物发展，而不是他们在实验室里生产的这种合成的东西。”汉森断言，整个培植动物制品运动就是“无稽之谈”，对它的关注更多的是因为科学幻想，而不是我们当前食品系统的现实。“只有当我真正看到它时，我才会相信，”这位科学家宣称，“他们几十年来一直在对这种东西进行预测，但从来没有真正的结果。”

汉森说得没错，多年来人们一直在预测清洁肉会成为现实，然而肉类行业基本上没有感受到这种威胁。但随着波斯特和瓦莱蒂等人的公司高调推出其产品，再加上嘉吉公司的投资，情况似乎正在发生变化。清洁肉纯粹是那些希望以更可持续的方式生产肉类的环保主义者的理论白日梦，这样的日子已经一去不复返了。随着商业化的可能性越来越大，我们将不再需要依靠民意调查机构来告诉我们消费者食用清洁肉时会有什么反应。

像汉森和内斯特尔等人可能不想吃非屠宰动物的肉，但有多少人会反对这样的想法呢？

于2016年创立的细胞农业协会创始人克里斯托弗·加斯特拉托斯（Kristopher Gasteratos）则比较乐观。他认为畜牧业的效率太低，人类会被迫放弃它，至少为了大部分的蛋白质生产，否则我们将付出代价。他对形势的分析毫不留情。“工厂化养殖动物无论如何都将结束。真正的问题是：如果我们不尽快找到一个替代工厂化养殖的方式，我们的文明会就此终结吗？”

加斯特拉托斯相信公众会逐渐接受清洁肉，因为其存在有必要性。不过，他的观点也来自于他于2016年在新丰收和好食品研究所的协助下进行的一项研究。在这项研究中，加斯特拉托斯带领一个研究团队向数千名调查对象询问了他们对这个话题的看法。该项目依托佛罗里达大西洋大学，最终调查了3200多名本科生和在美国和澳大利亚（人均肉类消费率最高的两个国家）的约1500名成年人。上文中提到的调查主要是询问人们是否会吃“实验室里培植的肉”，而加斯特拉托斯更深入地探讨了这个问题，他对关键问题的措辞为受访者提供了更多的背景：

> 科学家们正致力于通过利用动物细胞代替活体动物生产肉类。这种获得肉类的新方法被称为“清洁肉”，有望在未来10年内就能为公众所用。需要注意的是，清洁肉是真正的动物肉，所以不应该把它和目前由植物制成的肉类替代品混淆。如果经过长期研究证明清洁肉是安全的，味道和现在的传统肉一样，而且价格合理，你会吃清洁肉吗？

在仅仅被问到最后的问题，而不提清洁肉的好处的情况下，61% 的大学生声称他们“可能”或“肯定”会吃。在被告知清洁肉能够带来的一些道德、健康或生态优势后，这个数字飙升至 77%。在 1500 名成年人中，数字也很相似：62% 的人在不知其好处的情况下愿意吃，而 72% 的人在知道这些好处后愿意吃。

加斯特拉托斯调查的其他有趣发现还包括哪类人群对吃这种肉最感兴趣。“人们似乎还普遍不知道这个话题，但真正让我震惊的是，自认为肉类消费较高的人与对清洁肉的高接受度有相关性。”**基本上，那些说自己吃传统肉最多的人，往往最容易接受培植替代品；而那些说自己很少吃肉的人，尤其是素食主义者和纯素食主义者最不感兴趣。**

换句话说，清洁肉可能不适合在农贸市场或当地合作社购物的人。它对天然食品人群的吸引力远不如去肯德基的人群。但这没关系。事实上，考虑到吃传统肉的人数远比经常去当地农贸市场的人多得多，这甚至可能是最好的选择。

受访者留下的评论为大众的普遍看法提供了一些很好的定性视角。一位受访者说:“我不在乎肉从哪里来,只要它是安全的，味道是对的。”这与参与者普遍持有的观点一致。另一些人则对吃肉有一些顾虑，但也认为清洁肉可以解决他们的担忧。“我听说肉对全球变暖很不利，”一位受访者写道，“清洁肉可以在某种程度上免除我的罪恶感。”

而在 2017 年，一项发表在颇具声望的 *PLoS One* 期刊上的针对美国成年人的新调查中有了一些迄今为止最有希望的发现。即便使用了“体外肉”这个词，也有三分之二的受访者表示他们可能或肯定愿意尝试。三分之一的人则“愿意把试管肉当作

养殖肉的替代品”，一半的人表示“比起大豆替代品，他们更愿意吃体外肉”。而非常有趣的是，受访者大部分同意“体外肉”是非天然的，但他们认为有很多好处，尤其是“有可能解决世界饥荒问题，并减少与养殖相关的全球变暖的影响”。

所有这些消费者接受程度调查的一个一致性是，男性比女性表现出更愿意（在某些情况下更渴望）吃清洁肉。这与消费者对其他食品技术（包括转基因食品）的接受程度的研究相吻合。克里斯·布莱恩特（Chris Bryant）是巴斯大学的博士研究生，他的工作主要是研究公众对清洁肉的态度，而他对这种性别差异有着复杂的反应。“这可以被看作是一件好事，因为男性通常比女性多吃大约 50% 的肉，”他告诉我，“但也有证据表明，女性会代表家庭做出大部分食品决定，因此说服女性相信产品的安全性可能是消费者接受程度的一个关键目标。”

无论是消费者联盟的汉森认为没有人会吃清洁肉的观点是对的，还是研究人员认为有相当一部分人对此持开放态度是对的，至少可持续食品运动的一些领导者认为没有人急于消费这些新食品。达娜·珀尔斯（Dana Perls）是非营利组织“地球之友”（Friends of the Earth）的高级食品和技术宣传员，和内斯特尔、汉森等人一样，她也表达了对清洁动物制品的真正担忧。珀尔斯主要担心生物技术在食品和农业中，尤其是合成生物学中的应用，她将其称为“基因工程的极端版本”。对她来说，合成生物版的产品，如香草、甜菊糖和藏红花都已上市，对消费者来说就像是掷骰子般的选择。而且，这样的产品经常被市场宣传为可持续的，对像珀尔斯这样的转基因食品批评者来说是一种额外的冒犯。

她是对的，基因工程在我们的食物系统中已经非常普遍，有时事先并没有经过太多的社会讨论。但是，有一个可能被忽略的重要因素。

首先需要注意的是，至少到目前为止，清洁肉公司并没有使用基因工程生产蛋白质（尽管我们将在第 7 章中讲到，鸡蛋和牛奶制造商不一定如此）。但也许更重要的是，当坚定的天然食品倡导者对农业系统中使用的非天然过程进行抨击时，大多数消费者似乎并不那么关心。好食品研究所的弗雷德里克指出，即使最可怕的预测是正确的——只有 20% 的人接受清洁肉，那也是一个巨大的市场。“回想一下，植物肉现在只占肉类行业的四百分之一，而 20% 就是每年 400 亿美元。”也许有一部分人希望吃到经过良好处理的动物肉，不涉及困扰着当今动物养殖业的任何药物和虐待行为，正如上文所提到的，清洁肉也许不适合他们。但是，弗雷德里克接着说：“绝大多数人吃的都是被粪便污染的肉，来自被注射了大量药物的动物，其处理方式如果是针对狗或猫会被认为是残忍的犯罪行为，而清洁肉正是这种肉的替代品。”

许多可持续食品的倡导者似乎也都同意这一点。工业化农业最大的敌人之一是鲍勃·马丁（Bob Martin），他是约翰·霍普金斯大学彭博公共卫生学院宜居未来中心的主任。马丁还曾担任皮尤工业化农场动物生产委员会的执行董事，该委员会得出的关于工厂化农场的结论正是像珀尔斯这样的倡导者所全心全意支持的。马丁认为，像如今这样运行畜牧业确实是不可持续的，这就是为什么他如此热衷于清洁肉。“细胞动物制品生产非常有前途，可以解决目前集中式动物饲养经营模式所带来的

问题。”马丁称赞道。当然，这并不意味着这会是一件容易的事情。

很多人在听到自己可能不了解的新技术时都会有“技术恐惧症”。一些喜剧迷可能还记得，佩恩和特勒在他们的节目《佩恩和特勒：狗屁！》（*Penn & Teller: Bullshit!*）中发起了一场反对一氧化二氢的运动，告知市民一氧化二氢是一种阻燃剂，如果吸入可能会致命或造成严重烧伤等。他们说服人们签署禁用一氧化二氢的请愿书，几乎没遇到任何问题。不过，如果你懂化学就会知道，一氧化二氢只是两个氢原子和一个氧原子，也就是 H_2O——水的化学名称。

与细胞农业中正在发生的事情相比，这可能并不是一个完美的类比，但它确实说明了类似的问题。**人们常常害怕自己不了解的东西，特别是在涉及科学时。**在某些方面，我们渴望迎接新的科学突破，比如医疗进步，甚至是智能手机技术的最新版更新。但在食物方面，一些人似乎对科技有着一种天生不同的看法。

新丰收的伊莎·达塔尔说得很有道理：“想想三姆啤酒（Sam Adams），它的经营者都是微生物学家，但不会有人把他们看作疯狂的科学家，因为他们只是在酿造一种我们已经习惯消费的产品，而这也是清洁肉供应商最终要做的事情。”

换句话说，很多我们吃的和喜欢的食物都是由科学家在工厂里生产出来的，但我们却不会多想。比如，你上次对吃能量棒感到不安是什么时候？即使这根能量棒很可能是由穿着白大褂的人开发，并且是在结合各种成分的工厂里集体生产，也很少有人在加油站买它的时候会停下来想想。即使有些人想要的是成分表简短、文字描述听起来不会过于科学的能量棒，但大多数消费者只是想用一种味道好、价格实惠、吃起来安全、能

满足饥饿感的产品给自己的身体补充能量。

即使遇到了阻碍

消费者的接受度当然是乌玛·瓦莱蒂所关注的，所以，创造出一款消费者能够有机会购买的产品才是他心中的首要任务。但瓦莱蒂并不想只生产普通的肉类，他正在热火朝天地想办法生产出比传统肉类更有利于人类健康的产品。添加健康的脂肪是一个好起点，但关键是要以适当的比例添加合适的脂肪，以免对肉的味道和口感产生负面影响。但瓦莱蒂生产的肉在某种程度上已经优于传统肉类：它要干净得多。

瓦莱蒂说："这可能是世界上最干净的肉。"他自豪地展示了一张两个都被分成了三部分的培养皿的图片。其中一个培养皿里的每部分都有从传统猪肉、有机放养猪肉和孟菲斯肉类生产的猪肉中拭取的肉样。另一个培养皿里也是一样，但肉样是牛肉。在这两种情况下，研究的结果都非常清晰。在传统及有机放养的样品里都有大量细菌，但两个培养皿中的孟菲斯肉都没有细菌，只有一尘不染的干净肉。

他也用整块肉做了同样的实验，将传统鸡肉、有机鸡肉和孟菲斯肉类生产的鸡肉样品放在台面上，在室温下放置几天。结果是相同的：在两种屠宰的禽肉样品里都有大量的细菌滋生，而清洁肉的样品几乎没有细菌。这些实验不免让人疑惑清洁肉的保质期到底有多长，因为它的腐烂速度似乎比传统肉类要慢得多。

"这是食品安全倡导者梦想成真的时刻，"瓦莱蒂宣称，"回

想一下每次因为动物粪便污染而暴发食源性疾病的时刻吧，现在，这种技术可以防止类似悲剧再次发生。”

幻想实现的可能性很大程度上取决于何种监管障碍将减缓清洁肉运动。美国食品和药物管理局是否会批准清洁肉的销售？还是由美国农业部来担任监管机构？是否需要州级监管机构参与？会不会有某种类型的运动破坏它，就像如今的转基因食品？

瓦莱蒂很快指出，清洁肉不需要转基因技术，但在一个误解会拖慢创新脚步的世界里，他不认为任何事是理所当然的，他打算与每一个真正用对人类和地球最大利益的视角来看待这项正在开发的技术的人合作。

尽管他生产的肉没有使用转基因技术，但关于转基因食品的争论仍有可能说明瓦莱蒂向往的商业化道路上的潜在危机。以水优三文鱼为例，这种鱼在经过基因改造后，在 16~18 个月内就能长到完全体型，而不是通常所需要的三年时间。水优三文鱼于 2015 年被美国食品和药物管理局批准商业销售，2016 年在加拿大获批。动物福利倡导者谴责了这一决定，因为三文鱼会由于快速生长而经受许多问题，但转基因支持者却欢呼雀跃。尽管美国食品和药物管理局的结论是人类可以食用水优三文鱼，但该鱼却是在获批的 20 年前首次提交的申请。如果这是批准饲养一种被选择以更快速度生长的鱼所需的时间，那么像孟菲斯肉类这样的公司在生产不含动物的动物制品时可能会遇到什么问题呢？

布鲁斯·弗雷德里克在为好食品研究所工作之前，曾为一个动物福利组织工作，当时的他反对批准转基因三文鱼，但现在却毫不担心。“那是一种完全不同的情况，”他解释说，“在那

种情况下，美国食品和药物管理局出于各种原因使用了新药审批程序，包括该公司实际上是将各种动物的多个基因组合在一起，以创造一种完全不同的动物。各种动物福利和环境问题不适用于清洁肉，创造一个新产品—— 一条与自然界其他鱼类非常不同的鱼——所涉及的健康问题也不适用于这种与其他肉类相同的肉。”

目前，我们甚至还不知道清洁肉是否会受到美国农业部或美国食品和药物管理局的监管。前者对肉类进行监管，但其监管框架认定涉及活体动物并对屠宰过程进行检查。后者监管所有其他食品,包括鱼类。这也是聘请埃里克·舒尔策的原因之一，他曾在美国食品和药物管理局工作了6年，为该机构评估新型生物技术。“我相信公司会有一条监管途径得以继续前进。”他说。

他充满信心的原因之一是该产品带来的食品安全效益可能太有吸引力，无法让监管机构将其挡在市场之外。如果被粪便污染的肉类被允许卖给消费者，那么没有这种污染的肉为什么要被排除在外呢？肉类中的粪便污染问题如此普遍，整个行业都知道无法预防。对其游说多年，只为允许在到达消费者手中之前进行辐照处理（即对肉施加电离辐射以杀死细菌）。正如肉类部门发言人指出的，有活体动物就会有粪便和其他细菌附着，这些都可能沾到肉上。只有将肉的生长与活体动物分离开来，才有可能完全消除这个问题。

另一个让人乐观的原因是，政府已经允许类似的安全技术运用于人类医药和其他产品。就像奶酪中的凝乳剂（详见第7章），这种生物技术工艺已经被批准用于常规消费的食品。生物技术的船已经起航。不管是药品还是食品，我们都在日常生活

中使用并受益于科学的进步。鉴于培植技术可以让我们生产出与我们习惯的肉基本相同的肉，不难看出这些产品将会如何赢得监管部门的批准。

即使有了跳过监管障碍的途径，孟菲斯肉类还需要清除技术障碍。正如前面所讨论的，不再使用胎牛血清就是一个关键性的进步，孟菲斯肉类也正在此方面取得巨大进展。2017 年 2 月，吉诺维斯在自然出版集团旗下的《科学报告》期刊发表文章，介绍了如何在完全不使用动物血清的情况下，使用不含动物成分的合成血清来生长肌肉组织。“我们的目标是将动物从肉类生产过程中完全分离出来。”孟菲斯肉类的使命负责人和商业分析师大卫·凯（David Kay）说。也就是说，即使该公司早期的研究涉及用血清来帮助促进细胞生长，但他们明白，如果不以更便宜的无动物营养培养基取代这种血清，他们就无法成功实现商业化，也无法与传统肉类竞争。

“市面上已经有适用于许多细胞系的无动物（包括无血清和无动物制品）生长培养基，”好食品研究所的高级科学家克里丝蒂·拉格利（Christie Lagally）告诉我，“这说明我们人类已经知道如何制造无动物培养基了。”

但细胞需求只是企业家，尤其是肉类制造商面临的问题之一。“把胶原蛋白变成皮革是很难的，”现代牧场的安德拉斯·福加奇解释道，“这不像只是把一些胶原蛋白扔在培养皿里，回来后再看，皮衣就出现了。但我还是要说：这依然比尝试组织工程肉要容易得多。”

随着孟菲斯肉类和默萨肉类等初创企业已经证明了这一概念，并且进行了品鉴，如今没有人认为实验室动物制品在技术

上是不可能的——即使这并不容易，而距离创造出一块鸡胸肉或牛排还有很长的路要走。但清洁肉成功与否取决于是否有可能以接近动物制品的价位进行生产，并与其竞争。

目前，商业太空飞行在技术上是可能的，但只适用于最富有的宇宙游客。同样，如果沃伦·巴菲特想买清洁肉，乌玛·瓦莱蒂就可以提供。但为了让大众都能吃到这种肉，瓦莱蒂需要大幅降低成本。瓦莱蒂对这一点很有信心，他认为，完成第一个人类基因组花费了 30 亿美元，而 15 年后，你我只须花几千美元就能完整绘制出个人基因组。如果我们只满足于了解基因的基本情况，那只需要几百美元外加一管唾液。

"第一部苹果手机的研发费用是 26 亿美元——比第一个培植汉堡的费用要高得多，"布鲁斯·弗雷德里克说，"所有技术的早期阶段都要花费一大笔钱。"

弗雷德里克的观点很有道理。事实上，苹果手机确实是一个很好的例子，其中的技术比第一代电脑强大数百万倍，但如今的生产成本却降低了数百倍。同样，一些针对 Instagram 的编辑功能的预估表明，这一功能在 10 年前要花费消费者 200 万美元。现在，它是免费下载的。马克·波斯特 33 万美元的汉堡已经比它的前身便宜了近 80%。只不过，他做到这一点的方式是默萨肉类的专利，而要与肉类商品进行竞争还有很长的路要走，但他对现在的发展轨迹很乐观。

平心而论，其他人对清洁肉的价格能否达到可接受的水平则更为悲观。持怀疑态度的其中一人是合成生物学家克里斯蒂娜·阿加帕基斯（Christina Agapakis），这位在哈佛大学获得生物医学博士学位的科学家写了一篇文章，谴责清洁肉的虚假承

诺。“细胞培养是现代生物学中最昂贵和资源最密集的技术之一，”她警告说，“让细胞保持温暖、健康、营养充足、无污染，需要令人难以置信的工作量和精力。”用于医学治疗用途的花费是一回事，但没有人会为了食物一掷千金。“如果不离近仔细观摩其中的工作原理，宏大的技术解决方案可能看起来不错，但只要你研究体外肉的案例就应该清楚，肉的问题不可能真的用华丽的技术来解决。”阿加帕基斯认为，唯一的解决办法就是人类少吃肉。

她并不是唯一一个持有这种观点的人。非营利慈善评估机构善举（GiveWell）帮助人们在给慈善机构捐赠时做出高成本效益的选择，它公布了对清洁肉取代工厂化养殖业的前景分析，并认为工厂化养殖业应该被取代。它对培植蛋奶更加看好（我们将在第7章中讨论），但当涉及肉类公司时，“我们目前认为，开发具有成本竞争力的培植肌肉组织产品非常具有挑战性，我们一直无法找到任何似乎有可能实现这一目标的具体前进路径”。

或许，实践出真知。尽管善举在2015年时认为科学还不够完善，但两年后，许多领先的科技投资者都相信清洁肉可以在价格上与传统动物肉类竞争。他们这么认为的部分原因可能是好食品研究所的高级科学家莉兹·施佩希特（Liz Specht）博士会见了超过25个风险投资公司和投资者，分享了她对清洁肉经济可行性的分析，其中包括大部分即将为孟菲斯肉类投资的投资者。

整个清洁肉行业都知道价位需要降下来，考虑到对清洁肉这般深思熟虑的关注是最近才出现的，他们全盘否定了那些质

疑不可能降价的人。毕竟，除去现代牧场在牛排条上短暂而如今已被放弃的实验，第一家清洁肉公司成立于 2015 年年底，在这一领域投入的资金有一半以上是在过去几年。

价格为什么不能降下来呢？与饲养整只动物相比，培植动物肉所具有的固有效率优势让孟菲斯肉类这样的公司处于令人羡慕的地位。它们尚不具备规模经济，也不知道如何达成这一目标，但饲养动物需要更多的土地、水、石油等，因此不难看出这些公司最终能够在成本上展开竞争。现在需要的是，利用研发资源做到这一点。

农业补贴的影响

除了使用的技术非常之新外，像孟菲斯肉类这样的公司也不可能像传统肉类生产商一样成为联邦政府补贴的受益者。大部分补助都是通过农业法案实现，而农业法案每 5 年左右通过立法为国家制定农业政策。正如开放慈善项目（Open Philanthropy Project）的政策专家刘易斯·博拉尔（Lewis Bollard）所观察到的那样，“农业法案的核心是农业补贴，主要补贴农民购买农作物保险。这些保险补贴降低了玉米等农作物的价格以帮助工厂化养殖户。因为对他们来说，饲料成本可以达到生产成本的 70%。农业补贴让美国纳税人每年花费约 200 亿美元，是环保局预算的两倍多，主要用于支持富裕的企业农场”。但是，博拉尔继续说，虽然 200 亿美元听起来很多，但它对降低肉类价格方面的实际作用可能并没有想象中那么大。

当 20 世纪 30 年代开始进行农业补贴时，当时的农业部长

亨利·华莱士（Henry Wallace）称其为“应对紧急情况的临时解决方案”。那时的紧急情况是大萧条和沙尘暴，确实威胁到了美国的粮食生产系统。然而，这个临时的解决方案已经持续了近一个世纪，无论农民经历的是好日子还是坏日子，一直延续至今，哪怕农民家庭的平均收入已经远远超过了全国平均水平。

饲养农场动物的主要原料玉米也许是这场补贴游戏中的王者，接收了数十亿美元的联邦补助。要明确的是，美国种植的玉米只有极小的比例最终被放在后院的烤架上。就像大豆一样，大部分玉米最终都进入了鸡、火鸡、猪和牛的胃里，而它们最后被送上了烧烤架。

换句话说，肉类行业获得的间接农业补贴至少在某种程度上人为地降低了其业务中最昂贵的部分的成本：用于喂养数十亿只动物而种植的玉米和大豆。但是，终止这种牲畜饲料补贴会使肉类成本增加多少，目前还不清楚。一些农业经济学家，比如普渡大学的杰森·勒斯克（Jayson Lusk）认为，这或许只会使价格上涨1%。但还有其他一些帮助工业化畜牧业的补贴，如“过剩收购”就是美国农业部通过购买过剩的鸡蛋、猪肉或其他不需要的商品帮助生产超过消费者的需求的行业的政策。之后，这些食品流向联邦监狱食堂和其他联邦食品项目。也许更重要的是，畜牧业的许多成本，包括环境和公共卫生，在很大程度上是外化的，并没有反映在肉价上。

无论对肉价是否有重大影响，农业补贴似乎都不太可能在短期内消失。乔治·W. 布什和巴拉克·奥巴马两位总统都赞成大幅改革农业补贴，并得到了《华盛顿邮报》和《纽约时报》等最有影响力的报纸的支持。这种不公平的施舍会扭曲市场或

许是常识，但农业法案主要由国会农业委员会撰写，这些委员会通常由农村立法者主导，他们受惠于农业企业的利益，而农业企业既占他们所在地区企业的大部分，也是主要的政治竞选捐款人。也许这种情况会有所改变，但就目前而言，很难设想近期的农业法案不会像过去近一个世纪以来给予农业综合企业同样慷慨的补贴。

不过无论是否有补贴，细胞农业的效率最终可能会是压倒性的，即使不像传统肉类生产商那样从农业法案中受益，它们也可能从中获得补偿。如果肉类巨头也参与到细胞农业的游戏中，并因此有兴趣帮助细胞农业获得市场份额的话，这一点就更有可能实现。

“想想看，”瓦莱蒂说，“肉类生产商只是蛋白质生产商。即使他们不关心我们生产的蛋白质带来的伦理或环境效益，我敢打赌这些公司也愿意更高效地生产肉类，同时让肉类更清洁、更安全、更好。”

瓦莱蒂预测，清洁肉在最开始会出现价格溢价，但很快就会消失。“肉类生产的效率太低了，”他说，“生产 1 卡路里的牛肉需要 23 卡路里的投入。我们的生产技术的目标是让这种比例达到 1∶3。”

说到底，动物蛋白生产是令人难以置信的资源密集型产业，这是无法回避的问题。但当我们能够只培植真正想要的动物部分——例如动物的肉——而不必担心生产骨骼、大脑、肠子和其他不那么受欢迎的部分时，就不再需要那么多资源了。

当然，这归根结底仍然是消费者是否真的会吃孟菲斯肉类的产品的问题。在这一点上，瓦莱蒂很有信心。“如今，人们在

吃肉时不会考虑太多，”他对 2014 年皮尤的民调结果并不满意，反过来为消费者接受度辩护，“他们不会去考虑效率低下、肮脏、虐待和气候变化的问题。但一旦人们知道有一种更健康、不包含任何病原体、不伤害动物的替代品，人们绝对会转而来吃这种肉。”

已经有一家连锁餐厅急于出售孟菲斯肉类的产品——克莱姆家族在田纳西州的烧烤连锁店。克莱姆的设想是这样的：“动物可以放在那里担任代言人、吉祥物。我们可以指着它说：‘你原来吃的肉就是从那里来的。’还可以放一头猪作为吉祥物，而且猪仍然活着。”克莱姆笑着说。他无意中复制了马克·波斯特最初的想法：将一头活猪带到新闻发布会上，并提供用这头猪的细胞制作的香肠。

孟菲斯肉类和类似的公司面临着无数的挑战。从技术、监管障碍到成本、消费者接受障碍，瓦莱蒂知道成功是很难保证的。但自 30 年前那个让他深受触动的生日聚会，或者说是忌日以来，他已经走了很远，现在的他对未来寄予厚望。“20 年内，”他预测道，“美国吃的大部分肉都不再是屠宰的。”

克莱姆也预测了这样的世界会是什么样子。“现在很多餐馆会在角落里放一个啤酒罐酿造精酿啤酒，”他说，“这和我们在做的没什么区别，只不过那个罐子里酿造的不是啤酒，而是牛肉、猪肉或鸡肉。”

梦想终会实现

在对他们工作的支持和资金充裕的激励下，瓦莱蒂和吉诺

维斯在湾区总部与正在不断壮大的团队紧密合作。在最先进的小型肉类生产设施中，各种容器正在安静地“酿造”着各种动物肉。2017 年 8 月，我坐在他们的办公室里，看着装饰着各种孟菲斯肉类产品的大幅画作的墙壁时，一个穿着围裙的员工从厨房里走出来。“尝一块清洁鸭肉吗？”他笑着问。

我的主人端来两块热乎乎的鸭肉，这盘肉是在离我们仅几米远的地方刚刚培植和烹制的，盘子边上是阿根廷青酱。

“你真的认为我会用酱汁来掩盖肉的味道吗？”我开玩笑说，“这些肉制作出来到底花了多少钱？”

瓦莱蒂没有具体计算过这两块肉的价格，但他向我保证比我想象的要少。

我用叉子慢慢地刺破第一块肉，看着它像传统的熟肉那样渗出肉汁。我用舌头把它压在上颌，很重的咸味和肉味出现了，咀嚼很快就增强了这些味道。这正是我记忆中小时候吃过的鸭肉的味道。我用手指撕开第二块，想看看内部的结构，发现它的肉质和普通肉类一样绞在了一起。经过一番拍照后，它也进入了我的消化道。瓦莱蒂笑着用手机录下了这段经历。

他说，从在印度的学生生涯起到现在，他已经走了很远，也参观过在他记忆中萦绕多年的活体动物市场。瓦莱蒂的梦想是让病人远离手术刀，让动物远离屠刀，这个梦想正一天比一天接近现实。在这个特别的下午，这个梦想即将实现的证据以两块鸭肉的形式出现，而我觉得它们非常美味。

第6章

杰克计划

“比起其他任何商品，
更多的（食源性疾病）
死亡都归咎于家禽。”

“植”联“肉”合

显然，将清洁肉推向市场还面临着许多问题。像孟菲斯肉类这样的公司能否降低成本，从而与传统肉类生产商竞争？政府的法规或者来自肉类或农业游说团体的阻力，是否会阻碍进展？技术是否已经准备就绪？即使像业内乐观主义者预测的那样，第一批清洁肉上架，人们又真的会吃它吗？除此之外，食品改革倡导者还在问另一个问题，其中也包括支持细胞农业的人：随着植物性蛋白质领域的改进，并生产出真正类似肉的产品，同样不涉及任何动物，那么清洁肉会是多余的吗？

我还记得我第一次吃素食汉堡的时候，那是 1993 年。因为出于对动物福利的伦理考虑，我成为了一名素食主义者。作为一个新晋的食草动物，我期待着第一次吃素食汉堡的感受，好奇它是否会像过去给我带来许多乐趣的其他食物一样。当我咬住肉饼开始咀嚼时，虽然我很喜欢这种产品，但当时的我回忆起的是一种感觉——也许是因为我知道时任总统克林顿在白宫吃的也是同样的品牌博卡（Boca）汉堡——它的味道并不像真正的汉堡，并不是不好吃，我确实很喜欢它的口感，但很明显

它不是个汉堡。

二十多年后，别样肉客和不可能食品等公司生产的植物肉汉堡，以及嘉迪恩（Gardein）等公司生产的素鸡肉——这些公司在1993年还未成立——往往能骗过最顽固的肉食者。其中一些品牌，如嘉迪恩和别样肉客，在主流超市有很强的分销渠道，但它们却经常（虽然并不总是）被安排在冷冻天然食品区中位置最差的区域，大多数蛋白质消费者本能地不会买这些位置的产品。但当尝试过它们的产品后，人们大多都很满意。

我邀请朋友和家人进行了盲品测试，多数人都很难辨别出这些肉是否来自动物。食品科学的创新——大部分是由比尔·盖茨和李嘉诚等投资人资助的——已经将植物性蛋白质推动到了第一代素食汉堡制作者仅能想象的高度。一些新开发出来的汉堡在切开时甚至会“流血”，根据我的经验，这会是一个很棒的派对戏法。

想一想植物肉在过去10年里的发展，就不难想象再过10年后的样子。“消费者的意识与创新相结合推动着植物肉的普及，”植物性食品协会是一个在国会中代表素食公司的贸易组织，其执行董事米歇尔·西蒙（Michele Simon）说，“想象未来10年的成果是很令人兴奋的，因为越来越多的公司会提高标准并提供更美味的选择。”

换句话说，考虑到有些植物性蛋白质已经变得很像肉和奶，我们还需要清洁动物制品吗？当清洁肉以负担得起的价格进入市场时，植物性产品可能已经足以为肉食者提供渴望的味道和口感了。

“如果素食汉堡能满足95%吃肉的人，那太好了。”马克·

波斯特称，“我会为此高兴，但如果不能做到这一点，就需要一个备选方案。清洁肉就是一个很好的备选方案，因为它仍然是真实的肉，既可以让肉食者继续他们的饮食习惯，也不会给地球造成负面影响。”

很难反驳波斯特的观点。如果肉食者（也就是几乎所有人，包括波斯特）都愿意改吃植物性食物，就不需要清洁肉了。当然，这是一个非常大的假设，而很多人不愿去赌。

但是，如果植物性蛋白质确实越来越优质，让人们愿意转而去吃它们呢？毕竟，是实现体外肉的新生后备计划，还是将植物性替代品改进到足以吸引最挑剔的肉食者的味觉，这两种情况哪种会更现实呢？即使是生物技术界，也有人对人工培植方案不那么乐观。这就是合成生物学家克里斯蒂娜·阿加帕基斯对清洁肉的商业可行性持怀疑态度的原因，她认为“肉类替代品……更有趣，也更可行”。

植物性替代品比清洁肉更可行的一个证据是，前者已经在如今几乎所有的美国主流超市销售，相比之下，清洁肉还没有以任何实质性的形式在任何地方销售。而且，许多（但不是全部）怀疑论者对清洁肉的担忧并不适用于大多数植物性蛋白质。是的，植物肉涉及食品技术，但并不涉及组织工程、合成血清和其他清洁肉类公司正在从医学界借鉴的生物技术创新。

不过，不可能食品公司生产的植物肉汉堡确实使用了一种基因工程酵母来制造血红素，以便形成汉堡中的“血液”。（血红素是血液中携带氧气的含铁分子，不可能食品公司声称这是让肉的味道尝起来像肉的关键元素。）转基因酵母并没有用于其最终产品，但通过基因工程创造的蛋白质在这一过程中被使用

的事实，使一些生物技术评论家对这种植物肉汉堡敲响了警钟。更有甚者，一些天然食品的支持者完全反对素食鸡肉这样的食物，认为它们经过加工，不能算是“天然的”。

但是，与完全没有用到动物的清洁肉类相比，吃起来像肉的植物性蛋白质几乎不会产生条件反射般的“恶心”因素。对于其他非肉类产品，如豆奶，肯定更不会如此。就植物性肉类而言，不含乳制品的牛奶做得更好。丝乐克豆奶这样的品牌已经占据了液态奶市场 10% 以上的份额（相比之下，素食肉类的销量还不到肉类的 1%），其产品在乳制品货架上直接与牛奶竞争，而且价格往往具有成本竞争力。大豆、杏仁、大米和椰奶等替代品也很受欢迎，甚至连本杰瑞（Ben & Jerry's）、哈根达斯和布雷耶（Breyers）现在都提供许多素食口味的冰激凌。

植物性食品的崛起让大牌投资人垂涎三尺，有时是真的流下口水。比尔·盖茨第一次品尝用别样肉客的植物鸡肉制作的“鸡肉”卷饼时，他曾称之为“未来食物的味道”。别样肉客甚至吸引了麦当劳前首席执行官唐·汤普森（Don Thompson）来担任董事会成员，并获得了美国人道协会和莱昂纳多·迪卡普里奥（Leonardo DiCarprio）等有社会影响力的投资者的青睐。

尽管这些公司前途光明且发展迅速，但并不是所有人都相信它们复制了动物肉。虽然素食者和肉食者都喜欢别样肉客的产品，但《纽约时报》专栏作家尼古拉斯·克里斯托夫（Nicholas Kristof）在 2015 年写道：“如果我是一头牛，我可能会对别样肉客生产的肉丸和‘野兽汉堡’感到有点尴尬。”此后，该公司又推出了下一代汉堡肉饼——“别样汉堡”，这是迄今为止最像肉的汉堡肉饼，并在主流商店的冷藏肉货架上直接与碎牛肉相邻

销售。

别样肉客的竞争对手——不可能食品，由斯坦福大学遗传学家帕特·布朗于2012年创立，旨在生产同样能代表“食品的未来”的肉类。到目前为止，在超过两亿美元的风险投资的支持下，布朗的动力来自于他的信念——“动物养殖是当今地球上最大的环境威胁”，听起来他几乎像是在做清洁肉的生意。“我们不是制作素食汉堡，而是生产不使用动物的肉类。”他自己也是素食主义者，但他的素食主义同胞并不是他生产的汉堡的目标买家。布朗的目标是让肉食者改吃自己生产的植物肉，从而将牧场和耕地重新变成森林。用他自己的话说，他想要“改变从太空看到的地球的样子”。

就像清洁动物制品公司资助生命周期分析一样，不可能食品在2015年也资助了自己的分析，将其植物性汉堡与用真正牛肉制作的汉堡进行比较。结果和清洁肉的生命周期分析一样引人注目。布朗告诉Vox新闻网站的埃兹拉·克莱因（Ezra Klein），他生产的汉堡比出自牛身上的牛肉少使用99%的土地和85%的水，排放的温室气体也少89%。所有这些都足以让布朗成为对清洁肉持怀疑态度的人之一。他只是单纯地认为植物肉会消除对清洁肉的需求，这也是为什么布朗在2017年抗议说，用细胞培植真正的肉是“有史以来最愚蠢的想法之一”。

令人惊讶的是，布朗主张利用生物技术来寻找解决主要环境问题的方案，却同意一些生物技术的批评者关于清洁肉的观点，虽然他们各持的原因不同。也许更令人震惊的是同意布朗观点的人，就连新丰收的创始人杰森·马西尼也不确定清洁动物制品是否比布朗的植物性公司更有前途。

“每投资一美元，”马西尼问道，“是投资清洁肉好还是植物肉好？我真的不知道。在这一点上，如果不得不打赌，我可能会把钱投在植物肉上，以带来更大的改变，因为植物肉行业已经如此成熟了。”但他认为，植物肉领域已经有了这么多的资金和动力，而动物农业企业的问题又是如此严峻，可以说，把所有的鸡蛋都放在一个篮子里是不合理的。马西尼提供了第三种可以考虑的策略：投资肉类延伸品——让肉类消耗大户少消费肉的产品。“至少，这可能是减少碎肉需求的最有效方式。”他提到，公司可以在碎肉中添加植物性成分，从而减少食谱中实际使用的肉类。

伊莎·达塔尔同意这位新丰收前同事的观点，又补充了一个额外的想法，“也许没必要把清洁肉产品和植物肉产品区分开来。”在不久的将来，达塔尔想象出一种清洁食品和植物性食品的杂交品，类似于不可能食品公司利用酵母生产血红素。她建议说：“可以很容易地设想，最初的牛奶和鸡蛋可以使用一半培植技术和一半植物技术，以帮助降低第一批产品的成本。”二者之间不必非此即彼，可以兼而有之。

当然，模糊清洁动物制品和植物性蛋白质之间的界限是有可能的。但现实依然存在：即使是对清洁肉最乐观的预测，也表明碎肉要想在成本上与传统动物制品展开竞争还需要好几年的时间。然而，像嘉迪恩这样的植物性公司已经在主流杂货店中销售很难与“真品”区分开来的整块鸡胸肉，而且据推测，在培植鸡胸肉上市之前，整块鸡胸肉也会以植物肉的形式被复制。

很难找到比好食品研究所的布鲁斯·弗雷德里克对清洁肉更乐观的人，但在谈到把自己的资源投入到热情所在时，好食

品研究所大多数员工的时间和其他资源中只有不到一半集中在培植公司，其余资源则放在植物性公司。对他来说，这并不反映他认为哪个领域更有前途，更多的是受到了迄今为止植物农业方面的工作比细胞农业方面的工作完成得更多的影响。

“我们只是不知道植物肉是否会被视为‘真正的肉’，无论多接近，”弗雷德里克说，“我希望植物肉能做得和真正的肉一样，我希望它们能主导市场，这样清洁动物制品就没有必要了。但人类对动物肉的欲望很强烈，我只是不确定除了真正的动物肉之外，还有什么东西能满足最顽固的肉食者。”

汉普顿克里克公司的首席执行官乔希·蒂特里克（Josh Tetrick）——他在 2011 年与乔希·巴尔克共同创立了该公司，并致力于生产以植物性食物替代传统上需要鸡蛋的食物——也同意这一观点，不过他的看法是基于个人经验的。

2014 年，制造业巨头联合利华——好乐门（Hellmann's）蛋黄酱的供应商——起诉汉普顿克里克公司，因为后者称其不含鸡蛋的产品为“只是蛋黄酱”。原来，美国食品和药物管理局以“二战”时期的标准来定义“蛋黄酱”产品，而这个定义的一部分就是要含有鸡蛋。联合利华在被媒体嘲讽后迅速撤诉，不过，为了安抚美国食品和药物管理局，汉普顿克里克在“只是蛋黄酱”的标签上加上了“无蛋”两个字。

“与联合利华和美国食品和药物管理局的官司真的让我学会了很多。”蒂特里克说。直到最近，该公司仍在百分之百专注于生产植物性替代品，以替代传统的鸡蛋和牛奶制品，如饼干面团、沙拉酱，当然还有蛋黄酱。不过，现在该公司也有兴趣进入肉类市场。虽然可预见的前进道路是继续做它最擅长的事情，

并开发类似于别样肉客、不可能食品和嘉迪恩所提供的植物性产品（尽管价格可能更具竞争力），但蒂特里克认为公司如果想靠这种方式取得成功，能力上依然有内在的局限性。

目前，市场上不含肉的鸡肉产品都有明确的名称，以明确说明它们实际上并非来自家禽。无论是嘉迪恩、晨星农场（MorningStar Farms）、素火鸡，还是其他公司，都使用“素鸡”（chik'n）、“别样鸡肉”（Beyond Chicken）、“素鸡肉饼”（Chik Patties）等名称。这和联合利华质疑汉普顿克里克将其产品称为“蛋黄酱”的原因是一样的——政府对称为鸡肉的食品有一个标准，不用说，如果鸡肉不是来自家禽，就需要一个不同的名字。

“我认为一款出色的、负担得起的植物性鸡肉产品真的可以给世界带来很多好处，”蒂特里克预测，“也许它可以取代 10%、15% 的鸡肉消费，甚至更多。这本身就已经是巨大的成功了。但如果不能真正称其为‘鸡肉’，我也不认为它能终结动物工厂化养殖。”

以杰克之名

当现代牧场努力将其皮革推向市场时，孟菲斯肉类和默萨肉类这样的初创企业已经占领了清洁肉领域——仅到此刻。汉普顿克里克的蒂特里克在 2016 年决定，与其只坚持植物性蛋白质，不如全力发展清洁肉，尤其是清洁鸡肉。随着他的公司已估值超过 10 亿美元，他打算开始每年花费数百万美元进行研究，以便在清洁肉商业化中占据一席之地。

“让我们现实一点，”蒂特里克在 2016 年说，“如果没有一个类似曼哈顿计划的帮助，这件事是不可能完成的。障碍实在是太大了，每个人都知道我们可以做到，但没有大规模的资源投入就不行。还有谁比我们汉普顿克里克更适合接受这个挑战呢？这就是‘杰克计划’的由来。”

杰克计划一开始是一个秘密的清洁肉项目，以陪伴了蒂特里克 8 年的金毛犬的名字命名。在公司创立以来的头 5 年，它一直是汉普顿克里克的吉祥物。杰克总待在办公室里，没有敌人，只有朋友。到访旧金山的商务人士和求职者都会给它带礼物，它也很乐意接受。

“杰克在办公室里是个高贵的存在，每个人到访时都想向它表示敬意。”汉普顿克里克的合伙人经理詹娜·卡梅隆（Jenna Cameron）笑着说，“他们不是来亲吻戒指，而是来亲吻项圈的。杰克不是一只宠物，它是汉普顿克里克大家庭中非常特殊的一员。”

从 2011 年成立，到 6 年后成为价值 10 亿美元的独角兽公司，汉普顿克里克继续保持着爆炸性的发展，杰克也出现在无数的新闻报道中。一位心怀不满的前员工甚至向记者抱怨说，在汉普顿克里克创立早期，杰克会定期在实验厨房散步，偷吃准备进行口味测试的新饼干样品。

蒂特里克在一份书面回复中承认了记者的“曝光”。“是真的，”他在 2015 年 8 月写道，“杰克依然喜欢吃甜饼干，虽然它已经有两年半不被允许进入实验室了。”

参观实验室只是杰克经历的一部分，它见证了汉普顿克里克的崛起和沿途的所有战斗。当该公司总部作为研发中心和实

验室时，杰克就在那里——洛杉矶的一个单间小公寓。2012 年，当第一瓶“只是蛋黄酱”被运到全食超市时，它也在场。2014 年，它见证了世界上最大的食品服务提供商康帕斯集团在其数千家食堂用“只是蛋黄酱”替换了好乐门蛋黄酱。

在与好乐门针对标签的诉讼取得胜利后，汉普顿克里克继续扩张，让杰克见证了公司的发展远远超出了蛋黄酱的范围，将不含蛋的饼干、纸杯蛋糕、松饼、布朗尼和煎饼粉，以及不含乳制品的沙拉酱摆上了塔吉特和沃尔玛的货架。甚至完全由植物制成的鸡蛋饼现在也在大学里供应。

“言语无法形容它的去世给我们的内心带来的空洞，”2016 年，就在杰克去世一个月后，蒂特里克回忆道，“癌症把它从我们身边带走，但它的灵魂永远都在，激励着我们为动物做更多好事，并以此来纪念它。‘杰克计划’就是为了它而成立的。”

汉普顿克里克：人造鸡肉

汉普顿克里克本身是以乔希·巴尔克的狗“汉普顿”命名，它也已经去世。随着杰克计划的诞生，蒂特里克为公司设想的新愿景，其大胆程度不亚于公司成立之初。

“目标：2030 年成为世界上最大的肉类公司。”杰克项目实验室入口的牌子上这样写着。一张杰克戴着塑料实验室护目镜的大幅画仿佛迎接着被允许进入这个秘密新实验空间的访客。在这里，汉普顿克里克公司正在建立一个农场动物细胞的冷冻库。如果杰克计划成功，那么对于许多消费者来说，从动物肉转而吃植物肉可能不再有必要，因为你可以吃到想吃的任何摆

脱了工厂农场和屠宰场的鸡肉。

尽管最近才进入肉类生产业务，但进入细胞农业领域的吸引力对汉普顿克里克来说明显与该公司的使命紧密相连，即利用技术进步，从根本上改变我们的食物前景，使之更可持续、更健康。蒂特里克认为，用植物代替鸡蛋和牛奶是这个任务的重要组成部分，但“只有在解决肉和鱼的问题后，我们才算真正修复了这个破碎的系统”。

汉普顿克里克并不将自己标榜为一家食品公司，而是一家食品科技公司，并认为其竞争优势部分在于其研发平台能够筛选数以千计的植物物种并识别出用作产品成分的功能蛋白。例如，他们用一种加拿大黄豆品种作为“只是蛋黄酱”的乳化剂，这样就不需要鸡蛋了。为了实现这些发现，汉普顿克里克建立了一个专有的植物数据库，利用机器学习算法和五十多位科学家的努力对植物王国的多样性进行表征和编目。

因此，当涉及解决肉类问题时，杰克计划就无须从头开始，完全可以从已有的强大技术基础设施中获益。2016年年底，汉普顿克里克已经建成了两个最新的实验室：一个全套的分析化学实验室和一个运行大型机器人的自动化实验室，以显著提高其筛选和表征能力的吞吐量。该公司还聘请了几十名新的研发团队成员，他们在蛋白质分离、生物工艺开发、生产规模扩大和工程方面已经共同积累了数十年的经验，所有这些经验都适用于清洁肉的开发，正如适用于植物蛋白的发现一样。

有了这些资源，杰克计划的启动让许多只知道该公司是一家植物蛋黄酱制造商的人感到震惊。但对于那些熟悉该公司历史的人来说则不足为奇。汉普顿克里克公司一直将鸡的福利问

题视为重中之重。通过创造不含鸡蛋的替代产品，特别是供面包师和餐馆使用的产品，巴尔克和蒂特里克试图减少鸡蛋行业的影响。

几十年来，动物权益保护者一直在敦促鸡蛋行业进行改革，主要是将鸡关在电动笼里的行为——笼子太小，鸡甚至无法张开翅膀。鸡要在笼子里一直被这样固定一年多的时间，在这段时间里它们几近瘫痪，只能不停地下蛋。“改革的阻碍是，放养要花更多的钱，”巴尔克承认，“但我知道，对于很多使用鸡蛋的食品制造商来说，他们的饼干、蛋糕和其他烘焙食品实际上并不需要使用鸡蛋。我们可以在不用鸡蛋的情况下以更实惠的价格生产同样的产品，因为植物性蛋白质（比如那些来自豌豆的蛋白质）比鸡蛋更便宜。”

杰克的去世深刻地影响了蒂特里克。看到自己的伙伴在不到一个月的时间里，从看似健康的状态走向死亡，他不得不思考自己的死亡问题。就在6年前，蒂特里克曾因心脏问题濒临死亡，导致现在的他仍无法进行剧烈运动。

蒂特里克想，“如果知道自己只剩下5年的生命，我会怎么做？”取代鸡蛋行业可能会是一个巨大的成就，仅在美国就能每年让几亿只动物免受痛苦，除此之外还有巨大的环境效益。但是目前，食用动物的主要数量还是在鸡肉上。“亨利·福特并不只是取代了街道上的马，他让所有的马匹都过时了。”

汉普顿克里克公司希望通过发起一项清洁肉的倡议彻底消除鸡的痛苦。到目前为止，很多清洁动物制品的关注点都致力于用更环保、更人性化的选择代替牛肉。在大多数情况下，无论是对清洁牛肉（默萨肉类和孟菲斯肉类）、牛奶（完美的一天，

原名为“幕福瑞”[Muufri]，将在下一章介绍），还是皮革（现代牧场）的研究，牛就像马匹从汽车的发明中受益一样。是的，孟菲斯肉类在2017年就生产出了清洁鸡肉和鸭肉，但至少在那之前，这并不是公众对该公司的主要关注点。

对于一些清洁肉爱好者来说，比如马克·波斯特，关注牛肉背后的主要动机是环保。传统的牛肉可能是世界上最具生态破坏性的常见食用肉类，因此，改变人类依赖牛肉的饮食习惯对保护环境极为重要。**但从严格的农场动物福利的角度来看，工厂化养殖造成的绝大多数痛苦并非由牛来承受，而是鸡。**

如果把水产养殖也算作工厂化养殖的话，鱼在这方面可以和鸡比肩，甚至比鸡承受了更多的痛苦。幸运的是，清洁肉类初创企业无鳍食品正在努力繁殖鱼类细胞，作为对耶稣在《圣经》中对鱼类繁殖的描述的呼应，其终极的目标是将清洁鱼肉推向市场。2017年9月，在我品尝过该公司的清洁鱼肉后，其首席执行官迈克·塞尔登（Mike Selden）对我开玩笑说，不伤害海豚的金枪鱼还不够，他要的是不伤害金枪鱼的金枪鱼。

即使清洁牛肉取代了美国所有的传统牛肉，这种变化也只会影响到全国所有农场中不到1%的动物。简单来说，美国几乎所有的陆生农场动物都是禽类。在美国，每年有3500万头牛被屠宰作为食物，相比之下，被屠宰的鸡的数量接近90亿只。这意味着在美国，每有一头牛进入屠宰场，就有257只鸡同时进入屠宰场。换句话说，仅仅是在美国，如果包括火鸡在内，每一天的每一秒钟都有近300只禽类在屠宰场被屠杀。

然而，这并不仅仅是数量的问题。在肉牛的一生中，其最初阶段是在牧场度过的，即使在进入饲养场后，它们仍然能在

户外走动。但是，为了吃肉而饲养的数以万只的鸡、火鸡和鸭，通常终其一生都被关在没有窗户的仓库里，而且，基因操纵使它们的体重迅速而不自然地增加，以便能更快地被宰杀，使得许多禽类经受着慢性疼痛。

毫无疑问，用清洁替代产品取代家禽产品，比起用清洁牛肉取代真正的牛肉，更能减少动物的痛苦，尽管两者都至关重要。“如果你想屠宰更少的动物，使更少的动物遭受痛苦，但仍想吃到真正的肉，那就把鸡肉换成牛肉，”清洁肉初创企业的投资商流浪狗资本的首席执行官莉萨·费里亚（Lisa Feria）说，“每一份牛肉所受的痛苦都比鸡肉少得多。不仅一头牛能产出牛肉的份量比一只鸡多几百倍，而且牛的待遇可能也要好得多。当然，如果干脆不养鸡和牛，那就更好了。”

蒂特里克仍然不确定如何最好地解决取代鸡肉的问题，于是他开始思考并阅读更多相关资料。植物性牛奶在市场上大量涌现，而植物肉却严重滞后。是否有更好的方法呢？

蒂特里克第一次听说清洁肉是在 2007 年，当时他正在密歇根大学的法学院读书。“乔希·巴尔克把我介绍给新丰收的杰森·马西尼，他给我发来了 NASA 那篇关于金鱼的论文。我记得当时是在课堂上读了这篇文章，算是一个让我感兴趣的有趣想法，但我从没有想过我会和它有什么关系。”他后来做了律师，却因为 2009 年在《里士满时讯报》上发表了一篇专栏文章，谴责了一句工厂化养殖的残酷性，因此被解雇。“原来我们事务所代理了一家大型肉类公司，他们不喜欢这句话，”多年后，蒂特里克笑着说起这件事，“作为一名初级律师，惹恼一个大客户对我的法律生涯没有帮助，但如果那篇专栏文章没有让我丢掉工作，

我可能永远不会创办汉普顿克里克。”

时间快进到 2016 年，杰克去世了，蒂特里克和巴尔克坐在前者位于旧金山的公寓厨房里，吃着奇波雷（Chipotle）家的豆腐配索夫利特酱当晚餐。讨论到生命的脆弱以及任何人都无法确定自己还能活多久的问题时，巴尔克抛出了一个想法。“你有没有想过,如果只剩下 5 年时间,你会做什么？”他问蒂特里克，“如果我们认为肉类，尤其是家禽肉，是我们能产生最大影响的地方，而且还没有人从事这份工作，为什么我们不能去做呢？”

他们更深入地探讨了这个想法，直到深夜。蒂特里克想知道为什么没有人在做这件事，是因为障碍太大，还是仅仅因为没人优先考虑这个问题？巴尔克解释说，该领域其他初创企业的首席执行官们显然希望自己生产的肉能比传统肉更便宜，由于牛肉比鸡肉贵,所以要想把价位降到牛肉的水平,难度并不大;但对于包括鸡肉和鱼肉在内的肉类来说却比较困难。同时，也因为没有人关注这部分，倒让这个想法更加吸引蒂特里克。“我这么说吧，我们拥有别人没有的资源，如果我们做不到，那还有谁能做到？汉普顿克里克就是要做点大事，而我想不到比这更大的事了。”

如今，汉普顿克里克还处于发展的初期阶段，就已经在研发上投入了三分之一的巨额预算。传统来讲，全球食品行业在对研发的支出上是最吝啬的，往往只为此留出不到 1% 的预算。这与研发投资最多的计算机（25%）、医疗保健（21%）和汽车（16%）行业形成了鲜明对比。食品行业一直以来都更专注于营销现有产品，而不是开发新品。但据蒂特里克说，汉普顿克里克的使命从来不是成为一家“精致的小蛋黄酱公司”，而是要解

决当今食品系统中最大的问题。这就是该公司如此迅速地从一种蛋黄酱扩展到现在市场上和传统杂货店货架上的数十种其他产品的原因之一。

既然公司有研究导向的心态，蒂特里克关注的是，如果把研究经费的很大一部分拨给清洁肉，能做出什么呢？他首先要做的是组建一个初始团队，弄清楚这个想法是否可行。

“如果你能想到我还能做些什么去阻止每小时都在遭受痛苦的数百万生命，请告诉我。”当巴尔克问埃坦·费希尔（Eitan Fischer）是否愿意在汉普顿克里克成立一个新部门，专门负责把清洁肉变成现实时，后者是这样回答的。这种功利主义的数字运算对于像费希尔这样效率至上的利他主义者来说非常典型：如果清洁肉真的如费希尔相信的那样，能够成为终结工厂化养殖的催化剂，那么离这个时刻每近一小时，就能减轻一些难以估量的痛苦。

作为常春藤联盟的法学博士生，费希尔之前曾创办过一家关注动物福利的非营利组织，他也许并不是领导杰克计划的最佳人选。“他很棒，”巴尔克说，“我知道他很快就能上手，而且效率惊人。”费希尔在接到巴尔克的电话之前，正致力于组建自己的清洁肉创业公司。“这是显而易见的，”他说，“是从只有几百万资金的种子阶段开始，还是加入一家拥有10亿美元资金、基础设施和业绩记录的公司使这一切成为现实，让我做出这个选择并不困难。”

但即使拥有可支配的资源，费希尔也很谨慎，不低估自己将面临的挑战。“基本上，我们有很多事情需要完成，”他一边说，一边穿过汉普顿克里克的办公室，走向杰克计划实验室门口“仅

限授权人员”的标志。当我们进去之后，他打开一个标有“机密”字样的电子表格，展示了一系列数据，包括各种规划的成本模型。在最初的两个月里，费希尔与二十多位业内科学家进行了交流，他相信，只要方法得当，汉普顿克里克一定能完成这项任务。

史上第一块人造火鸡肉

“早上起床的时候，我就在想禽类的卫星细胞培养问题。睡觉的时候，我还在想禽类的卫星细胞培养问题。很可能我对这些特殊细胞的了解比地球上的任何人都多，而且我可以向你保证：它们比牛或其他哺乳动物的细胞更容易操作。”北卡罗来纳州立大学家禽科学教授保罗·莫兹齐亚克如是说。他所在的系被正式命名为普雷斯塔奇家禽科学系，以普雷斯塔奇（Prestage）家族的名字命名，该家族拥有普雷斯塔奇农场，一家总部位于北卡罗来纳州的火鸡和猪肉生产巨头，其生产工厂遍布全美。

尽管在清洁肉领域的美国创业企业并不主要集中在鸡肉上，但莫兹齐亚克的整个职业生涯都致力于增殖鸡和火鸡的肌肉细胞。因此，当汉普顿克里克公司开始研究培植鸡肉的生意时，莫兹齐亚克是费希尔最先联系的人之一。

这位中年教授刚刚从新丰收获得了一笔六位数的拨款，与他的研究生玛丽·吉本斯（Marie Gibbons）一同致力于“在不用动物的情况下制造鸡肉和火鸡肉”。他们的目标很简单：帮助建立一个动物细胞库，作为其他大学学术研究人员的通用研究工具。达塔尔说，从本质上讲，任何想要获得禽类“初始细胞”的研究人员都可以使用它，这意味着“减少对屠宰动物作为细

胞初始来源的依赖”。

莫兹齐亚克回忆起自己早在1992年就和一些朋友一起培养细胞，探索各种肉类的科学应用。当细胞在他们简陋的实验室里持续生长时，他对同事们开玩笑说：“嘿，你们知道吗，如果这能成功，我们就可以在体外培植肉类了！”他们都对这个想法一笑置之，认为这太奇怪了，不会有人愿意这样做。接下来的10年就这样过去了。尽管日复一日地被禽类细胞培养的工作包围着，但这位科学家从未考虑过他的成果有可能在食品方面得到应用。

但这个想法在2004年重新出现了。“我当时正在上一门细胞培养课，一些学生让培养物生长了太久，并在体外培养出了真正的鸡的肌肉。他们甚至没有想到已经生产出了‘肉’本身，对他们来说这只是肌肉。但我考虑的是，如果让其继续生长，它们最终看起来会有多像鸡肉。”教授并没有考虑亲自品尝，同时由于没有项目经费，他只能把这些小肉块扔掉。“当时我只是无法想象有人真的会对做这样的事情有兴趣，真是大错特错！”

现在距离这个最初的想法已经过去了二十多年，莫兹齐亚克知道这不再是一件可笑的事。除了新丰收资助的资金和汉普顿克里克前来了解他所知道的情况外，他还与泰森食品公司和其他被他描述为“对这种颠覆性技术真正感兴趣”的公司进行了交流。

他向这些公司传达的部分信息是，专注于培植牛和猪的肌肉细胞来生产牛肉和猪肉是高尚的，但仅仅从技术的角度来看，莫兹齐亚克认为，鸡和火鸡的细胞更容易培植。“首先，它们的细胞在培养时比哺乳动物的细胞生长得更好。它们的可塑性更

强——你可以更容易得到你想要的。”有趣的是，他并不知道为什么会如此，但莫兹齐亚克指出，在年幼的哺乳动物身上更容易进行活检，而更成熟的禽类动物则有更优秀的卫星细胞作为起点。

在细胞培养方面，这位教授认为未来几年内必然会出现一些关键性的创新，比如在培养过程中不使用任何抗生素，并且做到不用血清。但他认为更大的创新是建立一个永久的细胞库，这样其他研究人员就可以更容易上手解决这个大问题。

当被问及他在普雷斯塔奇家禽科学系的同事们对其工作一旦成功，可能会让家禽养殖户破产的事实有何反应时，莫兹齐亚克微笑着耸了耸肩说："他们认为我更像是一个生物学家，而不是家禽科学家。我不确定有多少人真正熟悉我的工作，但那些了解的人认为这真的很酷。"

莫兹齐亚克在新丰收的资助下已经有了很大的成果。他用这笔资金支持吉本斯尝试着做一些以前从来没有人做过的事情：培植火鸡肉。对于吉本斯来说，这个项目实现了这位生理学研究生、终生动物权益倡导者的梦想。她戴着催产素分子的项链，身上文着多种文字写的“爱”字，她解释自己为何一直为动物而疯狂，"我是在北卡罗来纳州的一个小型家庭农场长大的，离世界上最大的屠宰场只有一个多小时的路程。然而，与大多数农场不同的是，我家所有的动物都是作为宠物来饲养，而不是为了盈利。我爱家里养的鸡和火鸡，就像爱我的狗和马，现在依然如此！"

还是青少年时，她便了解到动物农业企业带来的动物福利和环境问题，并让她彻底抛弃了所有动物制品。出于对动物的

爱以及对科学的兴趣，吉本斯决定进入北卡罗来纳州立大学攻读兽医学学位。“说实话，我一直不太确定兽医工作是否适合我，但我喜欢动物，也喜欢科学，所以这似乎是最好的选择。”

为了准备兽医专业的学习，吉本斯开始和一名主治大型动物的兽医一起工作，到访当地农场并治疗各种不同的动物。“这些小型家庭农场多数都是有机的，甚至经过了动物福利团体的认证，在这些农场里工作让我真正看到了农场动物与宠物之间的待遇差异。仅仅因为这些动物可以在牧场上自由放牧，并不意味着它们没有被阉割、被去角、被打上烙印，而且它们通常没有打过止痛药，也没有兽医监督。”

吉本斯提到了一个关键点。倡导回归小规模有机畜牧业的人常常会描绘出工厂化养殖之前的“美好时光”，并在大型农业与小型农业之间进行二元区分，大的当然是坏的，小的却被浪漫地描绘成人类与自然和谐共处的体现。现实情况却大相径庭，像吉本斯所列举的许多虐待行为甚至在工厂化养殖成为常态之前就已经普遍存在了。

牧场附近的野生动物问题也很严重。那些放牧牛群的农场主往往是带头游说在美国射杀狼群和围捕野马的人。许多人只是不想让“掠食者”靠近他们的牛群，或与占据着联邦土地的牛群争夺草料。这并不是说放牧动物比把它们关在工厂化农场里更差——放养对动物来说有极大的好处——但如果认为当地的有机动物生产就不存在动物福利问题，那可就大错特错了。

吉本斯确信自己并不想成为一名兽医，因为她在学生时代曾被要求在牧场中为一头完全清醒的牛做眼球摘除手术。“作为一名兽医，我可以通过促进人道治疗和教育农民正确的兽医护

理来帮助成千上万的动物。但作为一名培植肉科学家，我可以通过让数十亿动物免于可怕的生存环境来避免它们的痛苦。”

2016年年底，吉本斯与莫兹齐亚克合作培植出了有史以来第一个人工培植的火鸡块，而且只花了1.9万美元（相比之下，波斯特33万美元的汉堡堪称天价）。也许更令人印象深刻的是，吉本斯可以给任何一位科学家送去一小瓶初始细胞——以她名字的首字母命名为MG1系——他们就能在短短两周内培植出自己的火鸡块。相比之下，工厂化农场中的火鸡通常需要14~19周才能达到屠宰重量。

如果这些细胞能够在最佳条件下增殖，它们所能生产的肉量将是一个天文数字。吉本斯对一块芝麻大小的火鸡肌肉进行了活检切片，其中大约有1200万个卫星细胞。经过简单的计算和测量，她和莫兹齐亚克发现，如果有足够的生产能力，理论上说，这样大小的一块活检切片足以生产出足够的火鸡肌肉来供应目前全球每年的肉类需求（如果我们满足于不吃火鸡以外的肉类的话），并可持续两千多年。

换个角度来说，《麻省理工科技评论》在2016年年末对莫兹齐亚克和吉本斯的工作进行专题报道时写道:“理论上，生长的潜力是巨大的。假设有无限的养分和生长空间，一只火鸡的单个卫星细胞可以在三个月内进行75代分裂。也就是说，一个细胞可以变成足够制造超过20万亿块火鸡块的肌肉。”

想到自己工作成果的潜力，吉本斯露出了微笑。“当然，为了优化这个系统，还有很多工作要做。我又不是在某个地方的冰柜里放着几十亿吨的培植火鸡肉。”她列举了工作中仍然面临的障碍，包括找到一种可持续的无动物培养基（她认为这在短

期内是不可避免的），使细胞适应生物反应器培养，以及想办法扩大生产系统的规模。还有一个问题就是如何称呼最终的产品。“我个人很喜欢称之为‘我的私货火鸡腿’！”吉本斯开玩笑地补充道。

对吉本斯来说，高效的培植肉块生产可以带来无限的可能性。她对清洁肉将对农场动物产生的积极影响感到兴奋，但更为其对整个动物王国带来的影响而兴奋。“一旦我们不再依靠动物来获取食物和利润，我相信整个社会也将开始更加尊重所有动物。”

吉本斯的成果出现在很多头条新闻中，当然也赢得了汉普顿克里克研发团队的尊重。汉普顿克里克向莫兹齐亚克和吉本斯伸出了橄榄枝，试图寻求合作。但 MG1 系属于北卡罗来纳州立大学所有，如果没有授权（通常需要支付高额的预付费用或版税），营利性公司是不能使用的。至少在这之前，她的工作成果仍将停留在学术领域。

对于莫兹齐亚克来说，这只是提高效率的其中一步，几代家禽科学家一直在研究这个问题。但他的论点远远超越了效率的提升，并迎合了生物技术领域许多同事的科学幻想。“有一件事他们是认同的，那就是将这看作给长期待在太空中的宇航员供应肉类的唯一方法。你觉得你会带着诺亚方舟在宇宙中旅行吗？这是不可能的。”长期待在太空中的宇航员的蛋白质需求可能不是人类现在面临的首要问题，但它肯定是一些未来学家的心头好。“如果人类太空征服者想要吃肉，几乎可以肯定肉类供给是来自他们携带的某种反应器，而这项研究是实现这一目标的开端。”

然而现实依然存在：在人类征服太阳系之前，我们就会知道杰克计划是否会在汉普顿克里克取得成功。而如果真的取得成功，为普雷斯塔奇、朝圣至尊（Pilgrim's Pride）和其他大型农业企业供货的家禽养殖户确实会发现自己生不逢时。正如宣布资助北卡罗来纳州立大学这项工作的新丰收的新闻稿所指出的，“该项目的结果将大大减少人类赖以获取肉类的鸡和火鸡的数量。”

在汉普顿克里克，随着杰克计划的启动，研究的挑战很快就显现出来。“首先，它必须不使用任何血清。”费希尔说。他承认，出于道德和财务方面的原因，使用任何动物血清来培植细胞都是不可能的。他继续描述为这些细胞提供营养所需的廉价营养素，“更重要的是，我们需要比现在价格低得多的生长因子或模拟产品。将它们用于医疗组织工程是一回事，但对于商业食品应用来说，我们需要把成本降得非常之低。”

为了解决这个问题，汉普顿克里克公司有一个名为“黑鸟”的植物技术专利平台可供使用，并打算利用这个平台生产清洁肉。（在汉普顿克里克公司总部，杰克计划工作区的天花板上真的悬挂着一只毛绒黑鸟。）他们在过去三年的时间里打造出了各种工具，以便解决清洁肉开发中那些最困难的技术挑战。除了供细胞生长的植物制支架和植物拟态剂之外（二者都是源自植物、对细胞生长至关重要的昂贵生长因子的替代品），汉普顿克里克公司的一个重要优势还在于，它能够开发一种不含动物的喂养细胞的营养饲料（“培养基”）。

“毫无疑问，”费希尔解释说，“如果没有成本效益、不含动物的培养基，清洁肉将永远不能成为现实，就这么简单。”尽管

近年来清洁肉受到了各种关注，但如果没有这种培养基，它很可能仍是那些为动物和地球寻求更好的未来的人心中的一个梦想，除非发现一种丰富且廉价的营养物质来源能喂养细胞。看看如今市面上的无动物培养基就知道，批评清洁肉的人是正确的——目前的生产成本使其只是一种昂贵得令人望而却步的奢侈品。

但汉普顿克里克公司计划改变这种状况。杰克计划和汉普顿克里克的其他项目一样，并不是要为那些买得起它的幸运精英打造高端产品。蒂特里克的使命和其他清洁肉供应商的使命一样，一直是使其在成本上具有可持续性竞争力。蒂特里克断言，如果有一家公司在技术上处于有利地位，能够发现廉价的、不含动物的蛋白质来源，从而使量产清洁肉成为现实，那一定是汉普顿克里克。汉普顿克里克拥有一个包含数百种植物蛋白的功能和分子特性的专有数据库，正在对另外数百种蛋白进行大批量筛选，并宣称它拥有识别可以使细胞生长的蛋白的物理和数字数据的资源库。

与成分识别一样，蒂特里克计划取得科学上的进步不仅能让汉普顿克里克创造出新的食物，而且通过使其他公司也能这样做从而颠覆整个食品系统。该公司已将其植物蛋白授权给食品行业的巨头，使它们能够自行生产无蛋产品；蒂特里克打算把发现的植物性培养基授权给其他清洁肉类公司，并希望有一天能授权给世界上所有类似泰森食品公司和珀杜农场的大型肉类公司。换句话说，汉普顿克里克公司希望其竞争对手也能生产出价格合理的清洁肉，当然要借助它的技术。

虽然这一做法让一些人感到惊讶，但蒂特里克解释了他们

一直在联系大型肉类公司，“他们其实比大多数人所想象的更明白，只是被有限的工具和思维方式束缚住了。”在反思目前的肉类生产相比之下显得多么过时时，蒂特里克说：“动物农业已经把动物变成了产肉机器，问题是这些机器是有感觉的，而且确实低效。我们在做的事情虽然一样，但要更高效、更可持续、更人性化，而最终的产品将完全一样：就是肉。”

也许，蒂特里克的目光不仅放在制造鸡肉和其他肉制品上，他还想把它们做得更好。“我们生产的肉和传统肉的主要区别是，传统肉致病的可能性会大得多。”

2014年，《消费者报告》公布了对从美国杂货店购买的300份鸡胸肉样品的调查。结果是：几乎所有的鸡胸肉——97%——都含有沙门氏菌、弯曲菌和大肠杆菌等危险菌种。“超过一半的样品含有粪便污染物，”《消费者报告》警告道，“其中约有一半的样本中，至少有一种细菌对三种或三种以上的常用抗生素有耐药性。”想知道为什么我们会不断听到关于彻底烹饪家禽产品并应使其远离其他食物的警告吗？因为它们身上有粪便。

这份发人深省的调查报告还描述，部分原因是美国家禽业广泛滥用非治疗性抗生素，使鸡在如此不卫生的生活条件下更快地成长并保持健康，导致一些最重要的抗生素正在对人类失去作用。“抗生素的抗药性感染与美国每年至少200万人患病和2.3万人死亡有关。”《消费者报告》指出。这也是出版《消费者报告》的消费者联盟极力游说禁止在畜牧业中使用非治疗性抗生素的原因之一，但至今尚未成功。

但是，尽管抗生素的耐药性令人担忧，家禽业的做法带来的更直接的威胁是食源性疾病。可悲的是，每年有4800万美

国人因食用受沙门氏菌和其他病原体污染的食物而生病。而问题的最大来源就是鸡肉和火鸡肉。**“比起其他任何商品，更多的（食源性疾病）死亡都归咎于家禽。”**美国疾病控制和预防中心报告说。

“想想看，如果你无须在厨房里把鸡肉当作放射性废物进行处理，那该有多神奇，”蒂特里克感叹道，“当然，我们生产的肉不会含有任何沙门氏菌，因为那是一种肠道细菌。那么，猜猜为什么？因为我们不需要肠子来生产肉。总有一天，人们会震惊于我们曾经把每次吃肉当成玩俄罗斯轮盘赌是一件正常的事。”

第一块人造鹅肝的滋味

在玛丽·吉本斯取得早期进展的同一时段，以色列的一家初创企业也意识到了开展以禽类为重点的清洁肉研究的必要性和潜力。超级肉类公司成立于 2016 年，其最终目的和汉普顿克里克一样，都是为了生产清洁鸡肉。但超级肉类并没有像其他公司一样走寻求风险投资的路线，而是先制作了一个广泛传播的热门视频，讲述公司的诞生及其生产无屠宰肉品能够带来的前景。

这部快节奏的喜剧科普视频绝不会让人感到无聊。事实上，在一个月内，它就已经获得了超过 1000 万次的点击量，并从 5000 名捐赠者那里筹集了 25 万美元，其中大部分是来自以色列之外的捐赠者。由于承诺为捐赠者提供公司未来生产的任何产品的代金券，超级肉类的首席执行官伊多·萨维尔（Ido

Savir）开玩笑说，这些人是有史以来首批购买清洁肉的人。

萨维尔的视频在网上疯传，他的团队——包括科比·巴拉克（Koby Barak）和施尔·弗里德曼（Shir Friedman）——开始工作，试图用刚刚得到的资金证明他们可以创造出一种真正能吸引七位数投资的真实产品。他们已经引起了一些以色列肉类公司的注意，其中一家索格洛韦克集团公开表示对投资有兴趣。

超级肉类在互联网上掀起风暴后刚刚开始寻求投资的同时，在汉普顿克里克公司，费希尔和团队的第二位成员大卫·鲍曼（David Bowman）正在思考他们的初步研究计划。“如果我们能把一种技术上更容易制作、同时也是高端奢侈品的产品迅速推向市场，让各地的厨师和美食家都想尝试一下呢？”鲍曼问他的团队。在来汉普顿克里克工作之前，他曾研究过肝脏细胞，并指出鹅肝的显著特点：这种美食产品的市场价格很高，清洁版鹅肝在成本上具有竞争力，比一上来就与商品鸡肉竞争的难度要小。蒂特里克和巴尔克被这个想法吸引了。

“这是一种家禽产品，”费希尔表示同意，“也是很好的候选产品，因为细胞系和培养基的条件与我们想要生产的鸭肉、鸡肝和其他家禽产品相关。”

事实证明，这个过程确实比体外培养肌肉细胞更容易，因为肝脏比肌肉更容易在没有血清的情况下生长，这会大幅降低生产成本。此外，如果给肝细胞喂食过多糖分，细胞就会越来越肥，可以模仿出鸭子和鹅在被强行喂食时诱发的肝脏脂质沉积的程度，从而生产出美味佳肴。

多年来，鹅肝一直是动物福利争论的一个文化热点。为了诱导禽类的肝脏变肥，生产者必须用一根管子每天强行喂给它

们超过正常食量的食物，使肝脏膨胀到正常大小的 10 倍。到了这个过程的最后阶段，禽类的死亡率高得惊人，许多幸存下来的禽类都臃肿得几乎无法行走。

汉普顿克里克并不是第一家考虑在体外生产鹅肝的公司。2008 年，《纽约时报》专栏作家安德鲁·列夫金（Andrew Revkin）在博客中写了一篇题为“通往无禽鹅肝之路？”的文章。他在文中提出，考虑到美食家和动物福利支持者之间关于鹅肝的争论已经很久（芝加哥刚刚禁止销售鹅肝，然后又取消了禁令），为什么不只保留肝脏而放弃禽类呢？“清洁肉企业家们，我认为鹅肝可能是一个完美的试验品。”他宣称。（当然，当时还没有任何真正的清洁肉企业家，所以他并非特指某个人。）列夫金的基本论点是，肝细胞很容易被加工出来，而鹅肝又相当昂贵，所以在价格上进行竞争会更容易。

汉普顿克里克公司的目标不是为了取代脂肪肝产业而专注于鹅肝，而是要建立一个完整的技术平台，可以实现无数产品的开发，尤其是家禽产品。

但未来的道路仍很不明朗。第一个问题是，真正的鹅肝消费者——看重的是其自认为的鹅肝是手工艺食品——是否愿意吃实验室培植的鹅肝。（对于实验室培育钻石的制造商来说，问题是一样的：即使培育的钻石与从地球上开采出来的钻石一模一样，但内涵却不尽相同。）不过，费希尔对此很乐观：“鹅肝目前的生产方式非常不人道，我们的产品将提供一个享受这种美味的机会，又不会有任何道德问题。”

可能有些鹅肝消费者更喜欢无虐待行径的版本，但大多数吃鹅肝的人都知道鹅肝生产的争议，但还是会吃。很容易看出来，

人们并不在乎他们的鸡块来自哪里，只要美味、安全、便宜就够了；但许多鹅肝消费者对鹅肝的“血统”和传统的忠实程度，就像他们忠诚于鹅肝的味道一样。由于这种原因，汉普顿克里克就不得不确保其鹅肝能真正与传统鹅肝相媲美，以免它只吸引那些因为道德原因而不吃从强行喂养生产出的鹅肝的人。

鹅肝以其铁含量和血管数量来分级（两者越少越好）。由于其生产方法可以控制这些因素，费希尔预计汉普顿克里克公司的产品将是“世界上最高级的鹅肝”。这是否足以彻底改变全球价值 30 亿美元的鹅肝市场还有待观察，但即使这种产品不会很快成为小众品类中的畅销品，费希尔估计这条路也会加速第一款清洁肉产品的商业化进程。这不仅会给汉普顿克里克公司带来重大关注，还能吸引更多的研究资金，因为人们会看到商业化不再只是停留在理论层面上。

在加利福尼亚州从事鹅肝业务还有附加价值。由于对动物福利的担忧，时任州长阿诺德·施瓦辛格终止了这一做法，他于 2004 年签署了一项法案，在 2012 年之前逐步停止生产和销售通过强行喂养禽类获取的鹅肝。该法律经历了许多诉讼挑战，但在 2017 年 9 月，联邦法院维持了这一禁令，这意味着如果禽类是被强制喂养的，在加利福尼亚州销售鹅肝就是非法的。“如果汉普顿克里克可以成为唯一一家在加利福尼亚州合法生产和销售鹅肝的公司呢？”费希尔半开玩笑地说，“你觉得这样能上头条吗？”

几个月后的 2017 年 1 月，当我坐在汉普顿克里克的厨房里时，我身后有一个正在辛勤工作的科学家团队，他们制作着世界上第一份人造鹅肝，同时也开发其他物种的细胞系。其中一

位科学家是阿帕纳·苏布拉马尼安（Aparna Subramanian）。苏布拉马尼安和丈夫、孩子一起住在洛杉矶，作为一名拥有 15 年经验的干细胞生物学家，她每周都会前往旧金山，花时间培植和喂养农场动物的细胞系。两个月前，费希尔在领英上联系过她，她一开始以为这是个玩笑。“这是我做过的最疯狂的事，”她说，“我没想到这会变成真的。”

作为一个素食主义者和汉普顿克里克公司使命的坚定信仰者，她描述了杰克计划实验室早期的一段经历。“为了建立一个新的生产线，我们必须从真正的禽类身上获取初始材料——细胞。”他们与当地一家牧场合作，挑选最优质的禽类，无痛地从其身上获取细胞（甚至在脱落的羽毛根部也有干细胞，她解释说），一只名为“伊恩”的鸡被幸运地选中来完成这项任务。“我们把伊恩从农场接过来，带到公司后院的新家，在这里，它不会在几周大的时候就被宰杀”——苏布拉马尼安泪流满面——“它将像一只普通的鸡一般度过它的一生”。她回忆道：“见到伊恩，我才意识到，尽管我在实验室里度过了许多个深夜，但这一切都是值得的。我们的工作是为了这些动物。”她负责制造世界上首批无动物肉，但讽刺的是，苏布拉马尼安因为宗教原因而忠于素食主义，因此，她无法品尝到自己的劳动成果。“这是真正的肉，”她解释说，“是一种动物制品。”

经过苏布拉马尼安及其团队几个月的成功研究，杰克计划不再只是一个计划。在汉普顿克里克负责研发的科学家们中，贾森·赖德（Jason Ryder）曾经监督了 40 万升生物反应器的制造，薇薇安·兰夸尔（Viviane Lanquar）已经将数百种可能用作培养基成分的植物蛋白的分子特性进行编目。在这些科学家的专业

知识的帮助下，清洁肉现在是公司战略的核心支柱。其培植方法一是侧重于“种子”，利用植物王国多样性背后的力量；二是侧重于“细胞”，利用动物细胞的指数级增殖能力，通过发现植物性培养基而使清洁肉成为可能。

有了一些早期的突破后，汉普顿克里克现在准备开始品鉴其最初不用动物血清制作出的样品，我是公司以外第一个前来品鉴的人。杰克计划的主厨托马斯·鲍曼（Thomas Bawman）和他的弟弟大卫近10年来一直在想象这样的时刻。自从托马斯开始专业烹饪、大卫开始培植肝细胞以来，二人就一直梦想着制作培植鹅肝，现在他们即将向外人展示梦想中的产品。

托马斯（自称为鹅肝鉴赏家）说：“鹅肝被顶级厨师视为当今最珍贵的动物制品之一。”他给我端来的是他烹饪的早期原型，就像一款典型的鹅肝慕斯，主要由肥美的鹅肝和其他原料组成。在我看来，它看起来和闻起来都像鹅肝。他解释说：“这种鹅肝酱每磅的零售价可以卖到100美元。”费希尔补充道：“我们已经在批量制造了，这只是时间问题，直到价格达到我们的要求。”（生产由无血清肌肉组成的肉需要更多的时间，但如前所述，肝脏更容易制作）。他们解决了清洁肉挑战中的一个关键问题——如何在无法持续供应只能从喂养和宰杀的动物中获取的营养物质的情况下进行培植——汉普顿克里克团队利用其有关动物培养基成分的功能的知识，找到了可行的无动物替代品，就像该公司以前在蛋黄酱和饼干中找到了替代鸡蛋的成分一样。

我以前从没吃过鹅肝，10年前我就在美国人道协会宣传以虐待动物为由禁止在芝加哥出售鹅肝。当加利福尼亚州的鹅肝禁令在2012年生效时，我经常与那些为其产品辩护的厨师进行

公开辩论。他们激烈的态度让我想起乔治·W. 布什的演讲稿写手马修·斯卡利（Matthew Scully）对鹅肝酱捍卫者的嘲讽，思考着那句“一个愤怒地站起来为餐桌上的食物辩护的人，有什么理由告诉其他人要严肃起来”。然而，我即将在这里严肃地品尝真正的鹅肝。

米色的鹅肝在我面前的白色陶瓷盘上显得格外醒目，餐盘两边放着刀叉和一张高档餐巾纸，看起来就像是在一家高级法国餐厅用餐似的。我在一群汉普顿克里克公司员工的注视下坐下来，他们等待着我的反应。一想到即将要做的事情，我就感到胃在颤抖。知道并没有鹅被宰杀就足以说服我大脑中理性的一面，但我本能的反应仍然很强烈。和几年前吃牛排条一样，我不声不响地用叉子叉起一块鹅肝，举到嘴边，吸了一口气，用舌头慢慢地把鹅肝抵在上颚上。

这味道令人印象深刻。鹅肝滋味浓郁，像黄油般顺滑，带着咸味，非常精美，正如人们所期待的那样。在这件事上，我当然不是最好的评判者，但当我闭上眼睛，让肥美的肝脏在舌头上融化时，汉普顿克里克鹅肝带给我的快感让我有点不好意思承认。脂肪含有一种让大脑感到快乐的东西。我在这一领域的典型经验是吃像鳄梨酱这样的高脂肪食物，鳄梨酱确实会带来很多快乐，但这道鹅肝酱完全是在另一个等级。

当汉普顿克里克烹饪团队的其他成员和我一起品尝最新版本的鹅肝时，他们反应各异，有人惊讶，有人宽慰。费希尔开玩笑说：“我上大学的时候曾为鹅肝抗议过，而现在我在这里每隔一周就吃一次。”即使我的反应是积极的，团队也坚持说，这仍然没有达到他们想要的水准。由于这可能最终会成为第一款

商业化的清洁肉，所以任何不完美之处都会让他们失望。“除非它在我们的盲测中比强行喂养生产的鹅肝得分更高，否则没有消费者会购买这种产品。”托马斯说。

不过，蒂特里克还是把目光投向了最高奖项。在我品尝了公司的一些人造鹅肝样品后，他说:“鹅肝很不错，这是我们引以为傲的成就，也许它能为我们架起一座桥梁，但我们要知道那座桥会通向哪里。我们要让目前的肉类生产模式完全过时。”

在屏幕上，他展示了汉普顿克里克公司为未来 40 万平方英尺的肉类生产设施绘制的一些模型: 200 个生物反应器，每秒生产 76 磅蓝鳍金枪鱼，还可以生产人造神户牛肉。他还说，公司将会生产出有史以来最好的鸡肉。“我们的目标是让这种产品明显更好，让人们永远不再有理由去选择传统肉。”在展示他们计划的时间表时，他告诉我，“到 2025 年，我们将建造第一个这样的工厂，而这里，”——他指着 2030 年——“我们会成为世界上最大的肉类公司。”

蒂特里克说，目前的计划是在 2018 年之前首次销售不使用动物的动物制品，价格与传统产品不会相差太多。当我追问他价格究竟差多少时，他提出最初商业产品定价的目标是高出 30%。但他坚持认为，如果清洁肉不能低于目前的肉价，这个问题并不算得到解决。要做到这一点，汉普顿克里克还有更多的工作要做，以降低其植物性培养基的成本。据蒂特里克估计，他们将在未来 5 年内达到这个目标。他们已经生产出了清洁鸡块的原型，并在伊恩在场的情况下吃掉了这些鸡块，还为此制作了一部短片。

我问蒂特里克是如何做到如此乐观。“你看，我们这个星球

上已经有75亿人要养活，”蒂特里克对理论上反对将他的终极产品商业化的意见做出回击，“人们需要吃东西，即将出生的几十亿人也要吃东西。我很有信心，当我们生产的肉比大型发展中国家现在的肉更便宜的时候，它们会非常高兴使用我们的产品，尤其是当这将解决多种食品安全问题时。即使欧盟一开始不想最先上市这种产品，但像以色列、中国和巴西这样的国家会想。毕竟，我们要卖的只是鸡肉。”

蒂特里克停顿了一下后说：“这其实是个好名字，‘只是鸡肉’。我想杰克会喜欢这个名字的。”

第7章

人造食品及其争议

人们了解得越多，就会越感兴趣。

无细胞农业

针对动物农业企业给地球带来的巨大问题的解决方案的争论，主要集中在是用植物性替代品取代工厂化农场制品，还是投资从实际动物的活检切片中培植出来的动物制品。然而，还有一个完全不同的领域并不属于上述任何一类，而且比清洁肉供应商更接近商业化。事实上,从某些方面来说它已经商业化了。在细胞农业领域，企业家关注的是通常被称为无细胞农业的子领域。

细胞农业最著名的优势是生产可以增殖、进而成为食物或衣服的活细胞（如肌肉或皮肤细胞）。无细胞农业则需要诱导活的微生物，如酵母、细菌、藻类或真菌，产生特定的有机分子，如脂肪和蛋白质，但实际上这些有机分子本身并不是活体。在无细胞农业中，由于只是从酵母或其他一些微生物着手，而不涉及动物的活体组织，所以在制造这些动物制品的过程中没有动物的参与。与此同时，尽管没有涉及动物，但这些公司正在创造的蛋白质与它们试图取代的动物制品中的蛋白质是一模一样的。

从另一个角度来看，清洁肉生产商生产的是由细胞本身组成的食品，而无细胞产品则是由细胞生产出的食品。

无细胞食品公司正在踏上与孟菲斯肉类、汉普顿克里克和默萨肉类等公司截然不同的旅程，它们甚至不愿意被归入同一类别。对它们来说，啤酒酿造厂的类比远比肉类制造商更适用于它们所做的工作。因为就像啤酒一样，它们也只是从微生物开始设计、生产想要的产品。但这些公司并不是用啤酒酵母生产酒精，而是用酵母生产牛奶、鸡蛋或胶原蛋白等。

就像面包师利用酵母和糖转化成二氧化碳来发酵面包、酿酒师利用酵母和糖转化成酒精，这些公司使用自己专用的酵母与糖结合并将其转化成牛奶和蛋清中的蛋白质。然而一个关键的区别是，在啤酒酿造的过程中，酵母仍然留在最终产品中，而这些新公司将酵母细胞与创造出来的蛋白质分离，只留下纯牛奶或鸡蛋蛋白。由于它们的酵母是经过基因工程处理的，被去除后不存在于最终产品中，所以这些食品不含转基因生物。粉丝们称其为“强化发酵”（或者“只是发酵”），反对者则称其为“合成生物学”，甚至是“转基因 2.0”。

这些无细胞公司的培植过程时间比本书中已经描述的其他公司的肉类培植时间要长得多。例如，直到几十年前，糖尿病患者使用的几乎所有胰岛素都来自猪或牛的胰腺，但在 20 世纪 70 年代末，科学家们找到了一种方法，通过基因工程使细菌在体外产生人类胰岛素。如今，几乎所有的糖尿病患者都在使用这种实验室制造的胰岛素，它对患者来说要安全得多，而且患者的身体甚至分辨不出区别。同样，直到 1990 年，所有硬奶酪中都含有小牛的胃黏膜——众所周知的凝乳剂——以使乳制品

凝结。现在，几乎所有凝乳剂都是在牛的体外生产的，基因工程生产出的细菌作为生产凝乳酶的工厂，而凝乳酶就是凝乳剂的关键成分。在基因工程细菌完成它的工作后就会被丢弃，让凝乳酶分离出来，并让奶酪可以贴上不含转基因生物的标签。

这样的努力是有局限性的（例如，这类过程不太可能生产出清洁肉），但这些产品仍然比植物性替代品更接近于动物制品。下面就以完美的一天这家公司为例。

完美的一天：人造牛奶

旧金山南部一处死胡同的尽头，距离汉普顿克里克总部只有11英里，这里拥挤的公共办公室有十几名员工，他们都在为佩鲁马尔·甘地（Perumal Gandhi）和瑞恩·潘迪亚（Ryan Pandya）工作。这两名二十多岁的印度裔美国素食主义者的目标是通过从酵母中培养出真正的牛奶，让奶牛可以继续生活在牧场里。简陋的一楼办公室的楼上是宽敞的实验室，那里正生产着完美的一天的牛奶，这种牛奶和被该公司称为人类已经喝了几千年的“牛源牛奶”之间的区别在显微镜下都很难分辨出来。（“完美的一天”这个名字来自一项有趣的研究，该研究表明，听卢·里德的《完美的一天》这类舒缓歌曲的小牛产奶量更多。）

虽然利用组织工程生产出肉是一项巨大的技术挑战，但生产液态奶要简单得多，根本不涉及组织工程。液态奶主要包括6种关键蛋白质，相对而言，这些蛋白质非常容易从零开始生产。

他们认为，牛奶有很多可取之处，但其中有些东西可以让牛奶变得更好。例如，考虑到胆固醇无论如何都不会给牛奶增

加任何味道或质地，不添加胆固醇将是一个很好的开始。由于大多数人类从未进化出乳糖耐受性，因此难以消化牛奶，所以他们打算把乳糖也排除在外。另一个好处是：没有细菌就意味着牛奶的保质期会更长。

完美的一天利用了与生产胰岛素和凝乳剂同样的过程，并将其酵母命名为金凤花（Buttercup），酵母分泌的是乳蛋白，而不是凝乳剂的成分。“然后，一旦酵母能创造出牛奶，”甘地面无表情地说，“我们就可以屠杀上百亿酵母细胞，甚至不会流一滴眼泪。”

很多人可能都不会经常考虑奶制品的消费问题，以至于他们认为，既然奶牛恰好能产奶，那么人类消费奶也是理所当然的。实际情况是，奶牛和所有哺乳动物一样，只有在受孕后才会分泌乳汁，奶牛的奶水是为小牛设计的，而不是为人类。（人类是唯一喝其他物种的母奶的物种，更不用说喝奶喝到成年了。）为了保持奶水的源源不断，奶牛场采用人工授精的方式，让奶牛一直处于受孕和泌奶的状态，并在小牛出生的当天就将其与母牛分开，以便能出售奶水。然后，这些小牛在进入青春期（至少一岁）后，就会被用来代替乳品生产线上“作废的”母亲，或者被饲养起来生产牛肉。

密集的基因选择项目意味着奶牛现在的产奶量是其祖先的许多倍，这一现象因乳品行业常规使用激素和抗生素而加剧，迫使奶牛生产更多的牛奶。如此高的产奶量与各类动物福利问题更高的发生率呈相关性，包括跛行和乳房炎——一种痛苦的乳房感染。

牛奶被引入人类的饮食，在人类进化史上还是一件新鲜事，

正如完美的一天指出的，大多数人类还没有进化出正确消化乳糖的能力（即乳糖不耐受），这也是非欧洲风格的传统美食中很难见到大量乳制品的原因之一。但欧洲人食用未发酵牛奶的历史非常悠久，很多人在婴儿期就进化出消化乳糖的能力，在生命的各个阶段喝牛奶都没有问题。

瑞安·潘迪亚在康涅狄格州长大，少年时期成为素食主义者。他在大学时读了乔纳森·萨福兰·弗尔的《吃动物：无声的它们与无处遁形的我们》后，开始了解乳制品行业的问题。“我开始意识到，避免对动物的暴力这一信念让我成为素食主义者，更进一步使我成为纯素食主义者也是必然的。”他回忆说。

当潘迪亚在东海岸长大的同时，一个孟买的六年级男孩在放学时收到了一本关于虐待鸡的小册子。佩鲁马尔·甘地几乎不敢相信自己的眼睛。他看到经过基因改造的禽类体型大到几乎不能走路，其他的鸡也被锁在拥挤的笼子里。他的父母都是素食主义者，但他从小就吃肉，他立刻意识到自己要像家里的长辈一样，于是他发誓永远不吃肉。

甘地对动物有着强烈的同情心，他的父亲想方设法让他多与动物相处。最终，他们听说了流浪狗福利组织，这是一个照顾孟买众多流浪狗的非营利组织，甘地开始把空闲时间花在这上面。

与其他动物福利志愿者的见面让甘地接触到了那些自称是“纯素食主义者”的人，一个他从未听说过的名词。但看到印度奶牛的命运，足以让这名高中生相信吃素是件正确的事。“奶牛在印度是神圣的，这意味着印度教徒不会杀它们，但它们仍然遭受着巨大的痛苦，无论如何都会被宰杀作为食物，只有印度

教徒不会这么做。”**事实上，印度与巴西并列，都是世界上较大的牛肉出口国。**

当甘地准备上大学时，他知道父母只会满足于两条可能的职业道路：医生或工程师。他选择了后者，但他忘不了多年前收到的那本小册子。“我开始有一种无助感，比如我一次只能帮助一只动物，但还有数十亿只动物需要我的帮助。我想产生更大的影响，但我不知道该怎么做。”

2013 年，潘迪亚已经完成了学业，他回到新英格兰州，开始生物医学的职业生涯，打算将生物技术的前景应用于药物和治疗，并希望能帮助人们过上更长久、更健康的生活。但他并不满足于此。本科期间，潘迪亚早期曾做过培养牛的干细胞以制造无动物肉的尝试。他知道这个想法是可行的，并对自己没有推动这个领域的发展感到沮丧。

潘迪亚知道，像汉普顿克里克和别样肉客这样的植物性初创企业正分别生产无蛋产品和无肉鸡肉，也知道它们雇用食品科学家帮助它们实现让植物性饮食更方便、更为大众所熟悉的目标。但他真正心心念念着的不是蛋类或肉类，而是乳制品。

“我可以这辈子再也不吃肉，”他说，“但我太爱乳制品了，我也知道乳制品行业和我的价值观不符。”

直到有一天，潘迪亚受到了他自称为的“贝果启示”，他从波士顿的一家熟食店订购了一份含有非乳制奶油奶酪的贝果。“当我打开牛皮纸包装时，这种流质的、看起来很悲哀的奶油奶酪替代品从贝果里流出来，滴到了我的牛仔裤上，让我的右裤腿沾上了丑陋的灰色条痕。看着真让人恶心，我甚至都不想吃那个贝果了。”

潘迪亚对此感到厌恶，他开始设想那块奶油奶酪在分子水平上到底发生了什么。“我几乎可以想象出牛奶蛋白质的整个网络，这是糟糕的大豆基蛋白质所缺失的。我开始考虑我在工作中用来制造药物的技术是否可以用来制造牛奶蛋白质。”当潘迪亚意识到这比组织工程肉容易实现得多时，他兴奋起来。而当他在互联网上深入搜索，发现地球上似乎没有人有这个想法后，他从骨子里感觉到自己必须采取行动。

他不知道该如何开始，但知道有人能够帮助他。在塔夫茨大学时，他曾在大卫·卡普兰（David Kaplan）教授手下工作，尝试用动物细胞培植肉。为了做背景调查，他被鼓励在新丰收的在线图书馆阅读，此时，该图书馆由伊莎·达塔尔在加拿大的家中运营。潘迪亚对此兴趣浓厚，并一直与达塔尔保持联系。他知道——或者说希望——她有一天会在他的事业中扮演重要角色。当潘迪亚意识到这个想法的巨大潜力时，他便写了一份提议发给达塔尔，问她是否认为他的概念可以成立一家公司。

与此同时，甘地也在苦苦思索如何最好地应用自己的能力，不只是一次只能帮助一条流浪狗，而是帮助大量的动物。2012年，作为一名在印度学习的工程系学生，他订阅了新丰收的邮件简报，读到了马克·波斯特在荷兰制作培植汉堡的工作。“不用屠宰牛就能做出真正的牛肉汉堡？我立刻意识到自己必须进入这个领域。”

甘地联系了波斯特，询问这位荷兰教授是否愿意收他为博士生。令他非常懊恼的是，波斯特根本没有足够的资源接收他。甘地不死心，很快开始申请美国的研究生院，并被多所学校录取，最终他选择了纽约州北部的石溪大学。

尽管甘地对波斯特的工作非常钦佩，但他想知道的是，为什么所有的注意力都集中在培植肉，而不是其他动物制品上。他想，培植一些结构上比肉更简单的东西，比如液态奶，可能会容易得多。

偶然的命运转折发生了，就在潘迪亚联系上新丰收的几周后，2014 年 3 月，甘地也做了同样的事情。达塔尔让两人互相联系，说他们都有同样的想法，并告诉两人爱尔兰有一个名为合成生物加速计划（SynBio Axlr8r）的启动加速器程序，生物技术创业者可以获得三万美元和免费的实验室来探索新公司的想法。

这位新丰收的首席执行官提出了自己的看法：他们三个人为什么不创建一个新公司，用酵母生产牛奶，然后应用这种技术呢？他们认为自己的方法与马克·波斯特刚刚成名的肉制品不同。当然，清洁肉生产商所做的工作和他们想做的工作之间最大的区别在于，他们知道自己不论在任何时候都不需要动物细胞，甚至不需要组织工程师。他们知道自己可以说服酵母生产他们想要的任何类型的蛋白质。既然牛奶只是一种由不同蛋白质、脂肪和糖类组成的液体，为什么他们不能直接从分子上构建牛奶呢？

当接受他们申请的邮件发回来的时候，潘迪亚欣喜若狂，他做的第一件事就是给妈妈打电话。“你确定这不是个骗局吗？”母亲在米尔福德的家中询问儿子，“听起来像个骗局，你该不会把信用卡号给他们了吧？”

“妈，他们不是向我要钱，而是给我钱。我得搬到爱尔兰才能拿到钱，下个星期我就搬过去。”

就在三人准备在爱尔兰大展拳脚的时候，达塔尔决定做一

些有用的推介，包括向现代牧场的首席执行官安德拉斯·福加奇介绍他们的公司。当时福加奇已经是清洁动物制品界的英雄，他刚从李嘉诚的维港资本那里拉到了1000万美元的投资。福加奇提出了一个替代方案：你们与其把时间浪费在爱尔兰这个不健全的项目上，还不如来纽约的现代牧场面试？

刚刚被任命为公司首席执行官的潘迪亚几乎不敢相信。他在清洁动物制品领域工作的梦想就要实现了，而他才20岁出头。"我很喜欢安德拉斯，也很尊敬他，他给我提供了一个让我在未来几年内可以帮助培植皮革的机会！而我却在考虑和我几乎不认识的人一起在一个根本无法加速发展的项目中创办一家公司，更不用说还是一家开创性的创业公司。我得说实话：为安德拉斯工作是最稳妥的选择。"

三人就此争论起来，甘地甚至承认，如果他站在潘迪亚的立场上，也会接受现代牧场的工作。对这个杂牌军公司来说，情况并不乐观。但在睡了一觉后，达塔尔建议他们和另一家由维港资本投资的汉普顿克里克公司讨论一下。

乔希·巴尔克出面了。"听着，瑞恩，"巴尔克从华盛顿特区附近的人道协会总部通过视频聊天对他说，"谁在乎你是否年轻？你有一个很酷的想法，如果你不做，没有人会去做。你已经在这条路上了。你已经握好了球棒，却真的不打算挥棒吗？你有可能会三振出局，但如果你打出全垒打呢？如果不上场尝试一下，你就永远不知道结果如何。"

就这样，这家新的牛奶公司即将成为现实。几周后，团队终于第一次见面了。

随着公司的成立，甘地、潘迪亚和达塔尔开始考虑如何让

酵母细胞顺应他们的意愿制造出乳蛋白。他们夜以继日地进行实验，操纵细胞，给它们喂养不同的营养物质，让它们保持在不同的温度下。当他们越来越接近目标时——虽然离完美还差得远——新丰收的邮件简报记录了他们的工作，引起了《新科学家》一位编辑的注意。这篇文章给他留下了深刻的印象，他主动联系并提供了在杂志上发表关于他们工作成果的专栏文章的机会。

"这是一个根本不用考虑的问题，"潘迪亚回忆道，"对方允许我们用自己的话写一篇文章来介绍我们的公司，而且还会给我们报酬！"

就这样，2014 年 6 月，潘迪亚在《新科学家》的《大创意》栏目中发表了自己的文章，标题是:《无牛牛奶：不用牛就能产出牛奶》，副标题或许更具挑衅性:《如果我们能像生产啤酒一样生产牛奶，将会带来巨大的环境效益》。

潘迪亚在文章中写道，酪蛋白族中有 4 种蛋白质，而乳清族主要只有两种蛋白质，这 6 种蛋白质加上水、糖和矿物质，就构成了牛奶的基本成分。潘迪亚解释说，制作牛奶根本不涉及新的科学。实际上，任何人都可以在网上免费找到牛奶中关键蛋白质的氨基酸序列。只须将该序列转换为 DNA 序列，然后从任意一家服务于医疗行业的研究公司订购此 DNA，这时基因工程就发挥作用了: 拿到 DNA 后，用化学或电刺激将其插入酵母菌中。之后，酵母菌就会完成所有的工作，排出你编码的蛋白质，类似于酿酒酵母排出酒精一样。

有趣的是，即使典型的啤酒生产并不像完美的一天生产牛奶那样依赖于基因工程酵母，但在加拿大和美国，酿酒师都被

批准使用一种基因工程酵母来改善口感，并防止酒中产生组织胺，组织胺可能会让一些人感到头痛。另一种用于酿酒的基因工程酵母可以减少葡萄酒发酵过程中产生的致癌化合物（氨基甲酸乙酯）的存在。

所以，完美的一天可以从酵母中制造出关键的乳蛋白，但牛奶远不止是蛋白质。比如说，牛奶中还有脂肪，但传统的牛奶加工厂已经从牛奶中提取脂肪，然后再重新添加进去，以获得一致、均质的产品。这就是完美的一天正在做的工作，但他们使用的是植物脂肪，比动物脂肪更健康。

被中国的投资人约见

一想到全世界的科学家都会知道他们的想法，就足以让公司的联合创始人们体内的内啡肽流动起来了，但这篇报道尤其打动了一位读者。

李嘉诚的维港投资联合创始人周凯旋读过这篇报道后，对这家创业公司产生了兴趣。据《福布斯》报道，周凯旋已经投资了现代牧场和汉普顿克里克，她是全球最具影响力的女性之一，主要投资于她认为既有经济前景又有行善潜力的科技企业。

周凯旋首先联系了巴尔克，他当时是维港投资食品科技投资项目的顾问。不用说，巴尔克为这家新公司做了担保，建议她与他们取得联系。不久后，周凯旋就请维港投资的董事弗朗西丝·康（Frances Kang）——另一位风险投资界精英阶层的女性——与潘迪亚取得了联系。

尽管完美的一天使用的生物工程技术很先进，但在这个关

键时刻，其失败更多是因为基础技术。弗朗西丝·康给该公司发了邮件，要求与他们见面商讨潜在的投资事宜，结果这条信息却被当作垃圾邮件拦截了。随后，她又在脸书上发送了一条私人信息,结果也与此类似。她接着又在领英上发送了一条信息，但也没有得到回复，弗朗西丝·康准备放弃了。

但命中注定，在弗朗西丝·康发送信息的 10 天后，潘迪亚查看了脸书的“过滤”文件夹，看到了弗朗西丝·康发来的未读信息。“哦，我的天啊！”这位首席执行官大喊，既为维港的兴趣感到兴奋，也为他们这么久没有回复感到惊恐，“维港公司想要我们的宣传资料！”

不幸的是，这家拿着加速器现金的年轻创业公司没有任何可以分享的融资材料。于是，他们开始着手制作，并迅速将其发给汉普顿克里克的首席执行官乔希·蒂特里克征求反馈意见。

“太糟糕了！”蒂特里克回复，他知道与维港合作是什么情况，也知道完美的一天这样的融资材料不可能成功。他在旧金山的开放式办公室对他们说:“听着，你们下一次通话是在星期五，对吧？你们还有 72 个小时的时间来做出更好的东西。”

蒂特里克建议他们在一个技术自由职业者网站上聘请供应商对他们的项目进行竞标。蒂特里克说:“如果我花 5000 美元做了一个广告牌，最后能让我从周凯旋那里得到 100 万美元，我认为这钱花得很值。”

潘迪亚和甘地听取了他的建议，花了 5000 美元与一名顾问合作做方案。几天后，他们拿到了宣传文稿并交到了周凯旋的手里。令他们欣慰的是，她很喜欢这个方案，并希望下周在香港与他们和巴尔克一同见面。弗朗西丝·康甚至要求他们带着

牛奶的样品。

甘地、潘迪亚和达塔尔不敢相信发生的事情，但下周的时机特别不好，正在进行的实验需要他们在场，而且他们也有个人事务要处理。三人不知道是否应该要求改个更方便的日期，便问巴尔克应该怎么做。

“让我把话说清楚，”这位维港投资的顾问说，“如果我的婚礼是在下周，而周凯旋约我到时在香港见面，我会推迟婚礼去香港。”

“我们必须把制作的牛奶从爱尔兰运到中国，但却不知道它能保鲜多久，”甘地开玩笑说，“我们觉得它不需要冷藏，但谁知道呢？这次的会议太重要了，我们不能冒这个险。”因为没有更好的设备，两人只能用金属水浴将水加热到牛奶的巴氏杀菌温度——至少 71℃。在飞往香港的航班起飞前不到一个小时，他们完成了样品的配制工作，并将样品在临时的巴氏灭菌器中存放了尽可能长的时间。

最后，牛奶被装进一个带扭盖的塑料瓶里，然后又被放进一盒干冰中。潘迪亚坚持一路用手拎着，甚至拒绝把盒子放进托运箱。“这些人给汉普顿克里克和现代牧场这样的公司投资了几千万的资金。如果这种机会也发生在我们身上呢？那个盒子一直没有离开我的视线。”

唯一的问题是伦敦希思罗机场的安检人员。“两个棕色皮肤的年轻小伙子拎着一个盒子，里面装着小小的实验室牛奶瓶？我觉得这不太可能被认为是正常的，”潘迪亚笑道，“我们明显没有孩子，而这显然也不是人们携带牛奶的方式。”

当达塔尔从加拿大飞往香港时，潘迪亚和甘地在安检处被

扣留了一个多小时，他们试图解释瓶子里装的是什么。最后，希思罗机场的安检人员决定，无论这种牛奶有多危险，都不可能在机舱里造成任何破坏。所以，他们被允许带着样品通过安检，但必须再等两个小时，等待航空公司的柜台开放。当他们到达登机口时，航空公司对他们所遭遇的麻烦表示歉意，并将潘迪亚免费升级到了商务舱。（但不幸的是，甘地被留在了经济舱。）

在维港投资的安排下，巴尔克、达塔尔、潘迪亚和甘地聚在了香港的一家酒店里。这是巴尔克第一次与后两者碰面，他知道他们一定很紧张。“我告诉你们吧：就在几年前，我还在这里给他们推介汉普顿克里克，我懂你们的感受，”他开导他们，并回忆起周凯旋给汉普顿克里克的七位数投资是多么重要，“他们也许比你们见过的任何人都有钱，但看起来不过是友好的普通人。你们应该像对待普通人一样对待他们：要诚实。当然了，也要说明为什么投资你们的公司会是一个明智的决定。”

“听起来不错。”潘迪亚和甘地说，勉强掩饰了两人紧张的情绪。

“还有一件事，”巴尔克在他们刚刚放松下来时举起了自己的食指，“别毒死周凯旋，如果你们的牛奶毒死了周凯旋，那可就糟糕了。”

第二天，维港投资请这几位北美人吃了一顿清淡的休闲午餐，然后才开始谈正事。牛奶正在冰箱里冷藏着。甘地和潘迪亚并没有准备正式的介绍，而是用白板勾画出各种科学公式，向周凯旋和弗朗西丝·康解释制作牛奶的过程。周凯旋特别投入，问了一些详细的问题，表明她完全明白他们在说的内容。另一方面，拥有政治学学位的巴尔克只是观察着，以避免表现

出自己的茫然，他说：“在我看来，他们写的东西和埃及象形文字差不多。”

经过几分钟的问答，周凯旋并不打算浪费时间，“好了，让我们尝尝它的味道吧！”

潘迪亚焦急地拿出了塑料瓶。“我很惊讶，他竟然没有把它放在什么花哨的提箱或者一个不那么简陋的容器里。”巴尔克笑着摇了摇头。

潘迪亚把他们的作品——只够大家喝几口——倒进咖啡杯里。当他们各自举杯时，周凯旋插话说，既然巴尔克向她担保了这家公司，那他应该是第一个品尝牛奶的人。“有点像在皇宫里当品酒师。”巴尔克回忆说。

当牛奶经过他的嘴唇时，他的第一反应甚至不是产品的味道如何（反正这位长期吃素的人并不能准确地判断这是否像牛奶），而是在考虑最有效的应对措施是什么。“我不想过度宣传，让她们喝后感到失望，但我也不想说它很糟糕，让她们产生偏见。实际上，我觉得这个牛奶的口感是介于两者之间的。”

然后，关键的时刻到了。周凯旋举起杯子喝了一口，这位风投巨头还没来得及咽下去，就厌恶地皱起了脸。“这太可怕了。”她实事求是地说。

也许，完美的一天的产品的确不那么完美，但事实证明，中国的牛奶饮用者习惯了超高温巴氏杀菌奶—— 一种带有焦糖味的更甜的饮料，而美国的牛奶饮用者却并不习惯。潘迪亚和甘地为迎合美国人的口味配制了他们的产品，这是可以理解的。“一旦我们开始在中国销售，添加这种味道是很容易的。”甘地马上向周凯旋和弗朗西丝·康保证。

就这样，维港投资打算签署一份协议。“我简直不敢相信，”潘迪亚摇摇头，“就在她告诉我们很讨厌这种牛奶之后，我们居然在讨论她们会投资多少钱、想要公司百分之几的股份。我从来没有见过，更不用说想过这样的事情了。”

会议结束时，他们刚刚在几周前兴高采烈地拿到的三万美元显得一文不值，维港投资同意投资 200 万美元。

就在几个月前，这三个年轻的理想主义者还从未见过面。通过一系列线上聊天，他们提出了一个想法，想成立一家足以颠覆乳制品行业的公司，这促使他们从美国来到爱尔兰，最后来到了中国。而在这段成功的旅行结束后，坐在香港机场准备回家的他们已经坐拥了一家获资七位数的公司。

两年后，也就是 2016 年，完美的一天在旧金山湾区有了自己的工厂和十几名员工，其中包括来自乔巴尼（Chobani）和别样肉客等品牌经验丰富的科学家。完美的一天开始制作牛奶了：将 4 个透明的玻璃发酵罐连接到一台电脑上——被称为 4 个乳房和 1 个大脑——酵母正在乳白色的液体中搅动。

“从酵母到牛奶，我们需要 72 个小时。”甘地笑着说，“奶牛要花两到三年的时间才能产奶，此外还需要大量资源生长蹄子、肠子、角、眼睛以及其他我们并不关心的部分。在完美的一天，我们只需要乳房和大脑。”

这些“乳房”实际上是被称为生物反应器的发酵器，也用于制造多种维生素、奶酪的凝乳剂以及大量其他日常产品。但完美的一天希望，与其让“乳房”只能装几升牛奶，更希望它可以有一栋办公楼那么大。那样的话，他们就可以真正开始与工厂化的乳制品竞争了。

酵母细胞以糖类为食，以此分泌乳蛋白。但随着完美的一天不断完善这个过程,他们认为有一天可以用草来喂养细胞。“那不是很酷吗，”潘迪亚思考着，“生产出‘草饲’的无动物奶？”潘迪亚不确定这样做是否能生产出更优质的产品，但这可能是他们的另一个环保优势。

2016年年底，为了吸引环保界的支持，完美的一天出资进行了生命周期分析，对比其生产的牛奶与传统乳制品。结果是戏剧性的。因为完美的一天只生产牛奶蛋白质，而不是奶牛的其他部分，该分析（未经同行评议）显示他们的牛奶涉及的能源使用量减少了24%~84%，用水量减少了98%，土地使用量减少了77%~91%，温室气体排放量减少了35%~65%。

该公司希望不仅能生产液态奶，还能生产像酸奶一样的奶制品。在公司的实验室里，用流变仪（一种研究液体物质流动的仪器)观察各种酸奶,很容易看出高端酸奶和低端酸奶的区别。这并不是因为牛奶产自不同的奶牛，而是取决于之后的牛奶加工过程。完美的一天生产的酸奶仍然不能完全与牛奶酸奶相提并论，但用流变仪很容易看出，它比杏仁、大豆或椰子等植物性产品制成的酸奶更接近真正的酸奶。

这家创业公司的联合创始人们给我提供了一个机会，让我来比较植物性酸奶和他们的产品。当他们正在准备样品时，马克·波斯特走了进来。

“听说这儿正在办体外酸奶品鉴会？”波斯特开玩笑说，他是来参加由新丰收在前一天举办的第一次细胞农业会议的。

当我和波斯特将不同产品放在各自的勺子上时，一眼就能看出哪些是大豆酸奶，哪些是培植牛奶酸奶。品尝之后，任务

变得更加简单了。植物酸奶的含糖量很高，也许是为了掩盖原本不那么吸引人的味道；而培植牛奶酸奶则更像奶油，更光滑、更浓稠。我已经很久没有吃过传统酸奶了，因此不知道相比传统酸奶如何。不过我猜测，鉴于完美的一天仍处于生产酸奶的初期阶段，可能还有很长一段路要走，但它在进步。

也许波斯特说得很对："那些想继续养殖奶牛的人不会喜欢你，但这个星球需要你的产品出现在市场上。"

克拉拉：人造蛋清

当潘迪亚还是马萨诸塞州的一名学生时，他还不知道另一名学生——海湾州立大学的本科生阿图罗·埃利桑多（Arturo Elizondo）也意识到了食品生产中使用的动物所遭受的苦难。在奥巴马政府的第一个任期内，这位哈佛大学政府学专业的学生在白宫实习时偶然读到一篇文章，预测随着中国摆脱贫困，中国的肉类消费将出现爆炸性增长。埃利桑多对越来越多的中国公民步入中产阶级感到兴奋，但也对这么多人增加肉食摄入量而加重对环境的影响感到担忧。当时，奥巴马政府正热火朝天地要求汽车制造商提高燃油效率，但埃利桑多一直在想："为什么没有人谈论房间里的大象？如果我们没有找到更环保的方法来满足即将到来的对动物制品的需求热潮，无论汽车的油耗是每加仑 20 英里还是 30 英里，都不会有什么区别。"

后来，他在日内瓦为联合国粮食及农业组织撰写一篇关于粮食安全和短缺的论文时发现了杰森·马西尼的一些文章，用他自己的话说，他"着迷了"。他知道遏制消费习惯有多么困难，

尤其是对动物制品而言。“我们需要提供一种替代方案，阅读马西尼的文章让我觉得他提到的这种技术是一剂灵丹妙药。这样生产出来的是同样的产品，但没有其他所有的问题。我想了解清洁肉领域发生的一切。”

和其他很多人一样，埃利桑多的兴趣最终让他在2012年直接与马西尼取得了联系，比潘迪亚和甘地还早几年。当时，马西尼还在运营着全靠志愿者支撑的新丰收，他同意与埃利桑多进行视频交流。“那一次谈话对我的影响非常大，”埃利桑多回忆道，“正是因为杰森，我在下学期报名参加了一门哲学课，开始考虑我成为大使的梦想是否真的能充分利用我的人生。”

埃利桑多开始贪婪地寻找关于功利主义和利他主义的著作，以决定自己所选择的是最有影响力的职业道路。他被介绍阅读了生物伦理学家和哲学家彼得·辛格的作品，包括其开创性著作《动物解放》。“就这样，我一夜之间成了素食主义者，”埃利桑多说，“我们一直被教导说人类所有这些特征使我们与众不同：使用工具、语言、对生拇指等，然而事实证明，很多其他动物也有这些特征！”

埃利桑多世界观的变化让他接触到了像汉普顿克里克这样的植物性创业公司，以及现代牧场的培植先驱们。他很快就阅读了每一篇能找到的关于培植的文章，甚至设置了谷歌新闻提醒，以及时了解发生的一切。“我很喜欢这样的想法，我们可以吃到相同的，甚至更好的食物，但对动物和地球造成的伤害要少得多，”他说，“商业的力量可以为世界带来好处，我已经准备好成为其中的一分子了。”

大学毕业后，埃利桑多面临着一个选择。有了哈佛大学的学位以及在白宫和高级法院的实习履历，他知道自己可以选择

政府服务部门的工作。但哈佛大学的一位朋友和导师本·哈普（Ben Happ）促使他选择了食品创新方向。“阿图罗，你现在对食品科技很痴迷，”他记得哈普说，“你不觉得帮助解决我们最大的环境问题比当一位大使更能给世界带来好处吗？”

这个说法很有道理，但埃利桑多想，如果没有科学或工程背景，他在这个领域到底能发挥什么作用呢？“那风险投资呢？”哈普向他的朋友施压，“比起你的专业知识，这些公司更需要钱。”

这正是埃利桑多所需要的。他订了一张单程机票，收拾好行李，搬到了湾区。虽然没有地方住，但他希望能在一家大型风险投资公司找到一份工作。

虽然没有风险投资公司对他感兴趣，但一家对冲基金确实为他提供了一份工作以及诱人的六位数薪水。“我想过接受这份工作，这样我就能赚很多钱，然后捐给动物和环保事业，但我不确定这是不是最好的选择。”

和其他几个年轻的食品理想主义者一样，埃利桑多在考虑如何选择自己的人生道路，他联系了乔希·巴尔克。“说实话，我更想知道汉普顿克里克公司是否有适合我的商业职位。但我也只是想听听乔希的意见，看看有什么有效的路径可供我挑选。”

巴尔克高兴地与他交谈，并建议一起参加即将举行的湾区食品科技会议。不过命运自有安排，在巴尔克和埃利桑多原本要一起参加会议的那天，联合利华就其蛋黄酱的标签问题对汉普顿克里克公司提起诉讼，导致埃利桑多不得不独自参加会议。

他一到就开始扫视房间，注意到每个人似乎都比自己年长几十岁，这些人似乎也都认识彼此。幸运的是，其中一张桌子上坐着两个千禧一代的同龄人，其中一个是达塔尔，现在已经

是新丰收的新任首席执行官和完美的一天的联合创始人，另一位是达塔尔的朋友大卫·安切尔（David Anchel），一位分子生物学博士。

这两位二十多岁的同龄人和埃利桑多一样，对利用食品技术与工厂化农业竞争充满了热情。他了解到安切尔正在考虑尝试从母鸡的输卵管（卵子从卵巢输送出来的地方）中提取细胞来培养卵子。但当达塔尔解释了完美的一天开创的以酵母为基础来制作牛奶的方法时，安切尔开始思考为什么不能用同样的方法制作蛋清。（蛋黄比液态蛋白更复杂，结构更多，意味着它们更难从酵母中培养）。就像完美的一天在牛奶中发现的那样，蛋清本质上也是一些简单的蛋白质加水，而且流动性很强，不需要像培植肉那样进行复杂的组织工程。

会议结束一周后，达塔尔给埃利桑多打电话，告知他独立生物加速器即将举行一项活动，正是这个加速器项目给完美的一天投资了第一笔三万美元的款项。达塔尔问："如果我们成立一家公司，用酵母制造鸡蛋，会怎么样？"埃利桑多喜欢这个想法，但不知道自己能做什么。"大卫可以处理科学问题，"达塔尔继续说，"我会帮助获得资金，并向正确的投资者和其他贵宾做推介。而你可以作为我们的首席执行官，处理业务方面的问题。你觉得怎么样？"

首席执行官？他来到湾区是希望能在一家风险投资公司找到工作。当这个目的没有达成时，他试图在汉普顿克里克寻找工作，助力于用植物替代鸡蛋。然而，他在23岁的时候得到了帮助创建自己的培植鸡蛋公司并成为其首席执行官的机会。他不需要时间来考虑这个提议。"当然愿意了，"他对着智能手机喊，

“我加入！”

“我从来没有像现在这样投身到工作之中，”埃利桑多解释，“就像有一团火在我体内燃烧。我对最初的推介感到非常兴奋，我当时正在研究蛋清的市场，发现自己凌晨三点还在看文章取乐。”

三个人都知道自己想做什么。基本上，他们认为有了酵母、水和糖，就可以用生物反应器（他们和完美的一天更愿意称之为发酵器）把蛋白中的蛋白质生产出来，提供蛋白的味道和质地。哪怕只是从蛋类行业的液态蛋白市场中拿走一小部分，也会带来巨大的回报。仅在美国，这就是一个价值数十亿美元的市场。蛋清被用于制作蛋白粉和蛋白棒，或是用纸盒包装放在鸡蛋货架上出售，供对胆固醇敏感的消费者食用，也有许多其他用途。

从动物福利的角度来看，这家新公司几乎找不到比这更重要的市场来颠覆了，因为为蛋制品市场（比如液体蛋清）下蛋的鸡往往是待遇最差的。为带壳蛋市场（那些在杂货店用纸盒出售的鸡蛋）生产鸡蛋的鸡通常被关在笼子里，翅膀贴着翅膀，只有小小 67 平方英寸的空间（为了便于理解这是多么小的空间，对比之下，标准的纸张大小是 93 平方英寸*）。尽管很拥挤，但至少 67 平方英寸的标准是大多数超市要求其鸡蛋供应商遵守的标准的结果，这样就可以声称他们售卖的鸡蛋符合行业认证（“联合鸡蛋生产商认证”），尽管这个认证是远远不够的。

但供应液态蛋清市场的鸡蛋生产商往往连这一限制都没有，

---

* 1 平方英寸约等于 6.45 平方厘米。作者所指的美制标准纸张大小 93 平方英寸可约看作为国际纸张尺寸 A4 的大小。

因为大多数消费者在购买饼干、蛋糕或蛋白棒等以鸡蛋为原料的产品时，根本不会考虑其中鸡蛋的来源，更不用说母鸡的福利问题了。因此，在液态蛋制品市场中的鸡有时会被关在更拥挤的空间里，每只鸡只有48平方英寸的空间，甚至不足以让它们同时完全站在笼子里。

在明确了自己的使命后，联合创始人们向独立生物加速器提交了一份起草的推介书。现在，他们只需要给公司起一个名字。受汉普顿克里克这个听起来亲近自然的名字的启发，三人头脑风暴的几个选项包括“橡树岭农场”“橡树农场”“河之谷”等，但最终他们还是选择了克拉拉食品。这个名字对他们来说有着双重重要意义。“克拉拉”在西班牙语中是蛋清的意思，这对在墨西哥和得克萨斯州长大的埃利桑多来说很重要，同时也是安切尔已故的心爱狗狗的名字。由于汉普顿克里克是以巴尔克的亡犬汉普顿命名的，所以大家认为这可能代表一种好运。事实上，克拉拉食品早期的形象标志甚至包括了一只狗。“不过，我们不得不把它从标志中去掉，”埃利桑多抗议道，“我们要克服眼见的障碍就已经很难了，并不希望人们再认为我们是卖宠物食品的！”

最后，他们选定的标志是一个明黄色的太阳，用它的光芒照耀着一片田野，但太阳实际上是一个蛋黄，它的光芒是蛋清的一部分。字体的色调很天然，还让人有一种熟悉感。确实如此，因为标志特意选择了与全食超市的标志相同的字体，只不过与这家天然食品巨头不同的是，它的文字不是全大写的。

埃利桑多向独立生物加速器解释了克拉拉食品的使命，“最重要的是，我们想为希望购买符合自己价值观、环保意识的产

品的人提供一种选择，最终，我们生产的产品是一个优质的蛋白质来源，没有任何其他负担。”

除了“无负担”，就像完美的一天在生产不含胆固醇和乳糖的牛奶，克拉拉食品也希望利用基于酵母工艺的多样性，做出比鸡下的鸡蛋更好的产品。“更多蛋白质？容易。没有沙门氏菌？当然了！”埃利桑多笑道。

向早期投资人推介的部分内容包括，为什么克拉拉食品认为与传统的鸡蛋生产相比，其效率会更高。毕竟，想想生产一个鸡蛋需要什么：一只母鸡（以及生产母鸡所需的整个完备的系统），然后需要在它开始下蛋之前先饲养 4 个月，还需要住处、照明、温控、饲料、水、补充剂、药物、劳动力等等。即使它开始下蛋，平均每天也只能下一个蛋。如果用酵母来生产，虽然也需要资源，但克拉拉食品认为，它很快就能为消费者输送源源不断的液态蛋清，而所需的投入只是其鸡蛋行业竞争对手的一小部分。

这份推介很成功。就像完美的一天一样，独立生物同意为克拉拉食品提供资金、办公室和实验室以及 5 万美元的启动资金。就这样，该团队在 2014 年 12 月开始工作了。

“我们认为，他们需要做的就是把五六种由酵母制成的蛋白质——像啤酒一样——放在一起，应该就能得到蛋清，”瑞恩·贝森科特回忆说，他是独立生物背后的 SOS 投资公司的风险投资人和孟菲斯肉类的早期投资者，“虽然不知道可能会发生什么，但我们认为它应该能行得通。我们只对结果感兴趣，而不仅仅是为了科学而科学。我们想要的是蛋清。”

克拉拉食品的第一个任务是提供某种类型的概念验证，其

目标是还原真正的蛋清的蛋白质成分，然后把这些成分重新组合成蛋清，让其烹调方式和味道与普通的蛋清无异。几个月内，他们用发酵器（与完美的一天实验室中同一类型的发酵器）就完成了这个目标。如果他们能用分离出来的鸡蛋蛋白质制造出蛋清，那么现在他们需要做的就是想办法用酵母制造这些蛋白质。

随着有关他们工作成果的消息传开，埃利桑多知道，大投资者想要来分一杯羹不过是时间问题。蛋清的市场是巨大的，他知道克拉拉食品公司很有可能以比传统鸡蛋行业更实惠的价格生产蛋清，而且没有食品安全风险。

他的判断是正确的。

就在克拉拉食品启动实验室的 4 个月后，包括 SOS 投资公司在内的一批投资者就联手向这家新公司注入了 170 万美元，使其进入公众视野，并赢得了科技行业更广泛的关注。自从这笔资金注入以来，该公司发展得很顺利，聘用了十几名科学家，并计划在 2019 年年初推出其第一个商业化产品——可能是一种可以添加到运动员食用的能量棒中的蛋白质补充剂。

啫喱托：人造明胶

完美的一天和克拉拉食品正在做的事情——本质上是通过从蛋白质分子中构建牛奶和蛋清进行逆向工程——提供了一系列新的方法来创造比以往任何产品更具功能性的食品。只要知道想创造的产品由哪些关键蛋白质构成，应该就能让酵母或微生物生成这些特定的蛋白质。这样的技术为很多人们想象不到

的产品铺平了道路，而一家细胞农业创业企业正在将这些可能性提升到历史性的新高度。

正如我们从现代牧场所了解到的，胶原蛋白是人体的组成部分，它是迄今为止在动物体内发现的最丰富的蛋白质，由于它无处不在，我们已经发现了胶原蛋白的各种用途。当然，它也是皮革必不可少的一部分，同时也是明胶的重要组成部分。明胶是一种从动物皮肤和骨头中提取的无味物质，用于从果冻到化妆品等各种产品中。由于几十年的研究，我们对胶原蛋白分子的了解可能比其他任何蛋白质都要精细。

“现在市场上有这么多的细胞农业食品，人们担心的是味道、气味，或者其他东西，”啫喱托的首席执行官亚历克斯·洛雷斯塔尼（Alex Lorestani）说，啫喱托是一家培植明胶的创业公司，“我们需要关心的只是明胶的硬度。”换句话说，如果要做果冻，需要的是所谓的“低膨胀”或相对柔软的明胶。如果要做小熊软糖，就需要高膨胀的明胶，使糖果更硬、更有嚼劲。明胶硬度的测试由奥斯卡·布鲁姆（Oscar Bloom）在1925年发明，并以他的姓氏来命名“膨胀程度”* 的区分标准。

由于明胶基本上就是胶原蛋白的提取物，所以用微生物重新复制生产明胶应该并不难，洛雷斯塔尼和他的研究生同学尼克·奥佐诺夫（Nick Ouzounov）在2015年有了这个想法。这两位微生物学家一致认为，他们应该可以在不使用动物的情况下，通过微生物生产平台用细菌生产出明胶，就像完美的一天和克拉拉食品用酵母生产食品一样。（回忆一下，胰岛素和奶酪的凝乳剂也是由细菌生产的，而不是酵母。）

* bloom 一词在英文中有“绽放、盛开”之意。

与肉、蛋、奶一样，如今市场上已经有植物性明胶替代品，如琼脂和卡拉胶。但是，虽然这些产品有其用途，但根据洛雷斯塔尼的说法，它们只是动物明胶的替代品，就如第一个素食肉饼是汉堡肉饼的替代品。“我为植物性蛋白质而疯狂，”这位30岁的光头首席执行官说，“但目前的明胶替代品远远不能满足大多数明胶的用途。你吃过琼脂做的小熊软糖吗？它们有时会塞牙，这可不好。”

这两位科学家联手向独立生物提出了在发酵罐中制造明胶的想法，而这一想法打动了贝森科特，2015年8月，啫喱托获得了一笔新资金和一个与克拉拉食品共享的实验室。洛雷斯塔尼和奥佐诺夫对新的创业项目满怀欣喜，两人都知道需要做出一些突破，而且必须要大——真正的大突破。

当人类在11000年前到达北美洲时，他们发现这片大陆上到处都是大型动物。乳齿象可能是最大的，但不幸的是，对于这些亚洲象的长牙亲戚来说，它们并不是在智人周围进化的，因此并不是我们的对手。很快，它们和其他所谓的巨型动物就发现自己濒临灭绝，之后就完全灭绝了。然而，一些被征服的野兽仍然存在至今，它们被封存在冰冷的坟墓里，尸体被保存了数千年。就像所有的古代生物一样，如果在它们身上还能找到蛋白质的话，那很可能是以胶原蛋白的形式存在的。事实上，人类已经在某种程度上迈出了复活乳齿象的第一步，至少可以通过对早已消失的动物的蛋白质进行测序，在分子水平上复活它们。任何能上网的人都可以在几秒钟内获取到乳齿象的蛋白质序列。

了解到这一点后，在2015年年底，和完美的一天订购牛奶

蛋白的 DNA 一样，啫喱托从一家 DNA 打印公司订购了一小瓶 DNA 编码的乳齿象胶原蛋白。拿到 DNA 后，科学家们通过自有的流程开始生产真正的乳齿象明胶。洛雷斯塔尼和奥佐诺夫本可以制作小熊软糖，但他们认为，从网上订购一个大象状的模具会更酷。（两人没找到乳齿象的模具，但他们认为也很难看出实际的区别，大象软糖足够了。）很快，在将明胶与一些糖和果胶混合后，世界上第一颗乳齿象软糖诞生了。看着奥佐诺夫把大象软糖放进嘴里，洛雷斯塔尼心想："哥们儿，这可是这么久以来第一次有人吃到乳齿象蛋白。"这可是真正的原始人饮食法*。

当被问及味道如何时，奥佐诺夫解释说，比起味道，他当时更关心的是如何优化口感。也许，添加任何类型的调味剂都会有所帮助（他们在第一批产品中省略了香精，以免分散味觉）。好消息是，啫喱托并不打算直接向消费者出售基于乳齿象胶质的软糖，而是打算为需要明胶的食品制造商生产对应的成分，且不一定来自乳齿象，因为该公司正在从更传统的动物 DNA 中生产明胶。2016 年，啫喱托筹集了远超过 200 万美元的风险投资资金，主要来自 SOS 风险投资公司、新作物资本、杰里米·科莱尔、流浪狗资本和颇具传奇色彩的生物技术风险投资家汤姆·巴鲁克（Tom Baruch）。现在，啫喱托拥有十几名员工，他们的主要任务只有一个：成为新一批细胞农业公司中第一个将产品商业化的公司。

他们做到了。

---

* Paleo diet，一种注重动物蛋白、健康脂肪，并以新鲜蔬菜、水果和适量坚果为主的膳食方法。

该公司的第一批产品于2017年年中上市，其最初的一些客户是化妆品公司，它们渴望用啫喱托生产的更清洁、功能更强、不含动物成分的明胶取代传统的动物明胶。喜欢用胶原蛋白做实验的医学实验室也下了订单，希望新产品能在他们的实验中有更好的表现。

“作为一个食品社群，我们目前满足于唾手可得的蛋白质生产模式，”洛雷斯塔尼说，他坐在位于湾区、与孟菲斯肉类合用的办公室里，穿着标志性的灰色连帽衫，“大多数情况下这意味着要利用动物，或者在某些情况下使用大量植物。我们人类真的很擅长利用大量的动物生产食品，这在一段时间内还算有效，但如今的动物农业给我们的文明带来了很大的压力，我们可以做得更好。这就是我们公司想要证明的。”

透明度能否提高大众接受度

谈及吃下从基因工程微生物（酵母或细菌）中提取的牛奶、鸡蛋或明胶时，也许很少有人会口水直流。不过，用来制作这些产品的传统生产方式也很难成为餐桌上的好话题。以明胶为例，有多少人真的想吃从酸浴中腌制了一个月的动物的皮肤和骨头中提取出的水解胶原蛋白，或者是从一头牛身上抽出的充满激素和抗生素的牛奶？又有谁会想吃被关在笼子里、永远不能张开翅膀的鸡下的蛋？

随着完美的一天、克拉拉食品和啫喱托的资金到位并为进入市场做好了准备，这些公司仍然面临着困扰清洁肉领域的同一个问题：如何让消费者接受。清洁肉的支持者经常以肉、牛奶

和鸡蛋的“酿造厂”进行指代，并用普通人可以理解的词汇来描述实验室中进行的过程。但是，啤酒酿造和这些初创企业正在做的事情之间还有一些关键的区别。首先，人类饮用啤酒已经有几千年的历史，对啤酒的基本酿造过程很熟悉。其次，啤酒并不像完美的一天、克拉拉食品和啫喱托等公司使用的酵母和菌种那般依赖于21世纪的基因工程。虽然这些转基因微生物（或如支持者所称的“设计酵母”和“设计细菌”）并不会出现在最终产品中，因此并不属于转基因食品，但它们用于生产这些食品的事实仍然足以让一些转基因反对者犹豫。

也许是因为它们比清洁肉更接近市场，又或是因为它们涉及使用基因工程酵母或细菌来生产（清洁肉使用的是组织工程技术，而非基因工程），生物技术的反对者往往更专注于批评这些无细胞农业产品，就像批评其他一些已经投入使用的类似产品一样。

就以香草为例。

人们对香草的生产有诸多顾虑，最主要的是它必须在香草兰生长的热带雨林中才能生产。目前，世界上的香草种植量远远无法满足需求量，使得香草成为地球上最昂贵的香料之一。对于香草爱好者来说，好消息是，事实证明，香兰素是使香草有其独特气味和味道的化合物。我们早就知道如何在不开采雨林的情况下生产香兰素，使这种许多人喜欢的调味品有了更可靠、更经济的版本。（天然香草精的成本是合成香草精的许多倍，每盎司的价格与松露和藏红花相当。）由于这些原因，如今食品中使用的几乎所有香草精都不再来自植物，而是合成的版本，通常由石化产品或木浆生产而成，这引发了关于其自身可持续

性问题的担忧。

但一家瑞士公司伊沃瓦（Evolva）却找到了一种方法，只须通过发酵酵母就能自行酿造出香兰素，进而生产出令人垂涎的香草。对许多人来说，这是一个可持续发展的成功故事。而在其他人看来，如地球之友就认为它是“一种极端形式的基因工程”，应该避免消费，而应转而支持更天然的、在雨林中收获的香草，目前仅占约 1% 的市场。

造成这种担忧的原因是：伊沃瓦公司通过编辑 DNA 让酵母产生香兰素，利用微生物生产出与我们如今食用的香兰素相同的产物。而这正是较新的无细胞农业公司正在复制的过程。然而，并非所有的环保主义者都支持它们。

“这些合成生物技术甚至比第一代转基因作物更令人担忧，”地球之友的达娜·珀尔斯认为，“与传统的转基因作物一样，合成生物制品刚进入市场时几乎没有对健康或环境的评估与监督，也没有贴上任何提示性的标签。”

珀尔斯所说的“合成生物学”是指将工程原理应用于生物过程的新科学分支。传统的动植物基因改造（又称转基因作物）是将一个物种的基因拼接到另一个物种中，或编辑基因以“去除”生物体中的某些基因，而合成生物学则允许科学家完全制造出新的 DNA 序列。其好处是能够设计出各种类型的新生物，比如可以完成全新任务的酵母和细菌，可以生产牛奶、鸡蛋和胶原蛋白，还可以制造药物、生物燃料和香水。

珀尔斯所认为的危险，却是“合成生物”领域的希望。他们认为，从单细胞生物中高效地创造出如此多的资源，而不用开采、钻探或养殖它们，为我们提供了一个减轻人类碳足迹的

机会。“关键是找到一种方法来制造人类所需的一切，而又不会毁坏我们的文明，”斯坦福大学合成生物学家、早期合成生物先驱德鲁·恩迪（Drew Endy）在2017年告诉《新闻周刊》：“我们可以从‘在地球上生活’过渡到‘与地球共存’。”

即使转基因作物（在美国销售的包装食品中，超过70%的食品中都含有转基因作物）和合成生物（截至本书撰写时，合成生物只用于生产极少数食品）之间存在差异，但反对食品中的生物技术的团体对两者都持极大的怀疑态度。很多人只是本能地不希望科学家在他们的饭菜上做手脚，哪怕我们如今吃的几乎所有东西都是科学的产物，包括水果和蔬菜，它们都经过了基因选择（虽然不是基因工程），以至于我们与祖先吃的食物几乎完全不同。例如，你从来没见过北美玉米原本的样子，它绝对不是如今你在当地农贸市场看到的模样，无论是否经过有机认证。原始的玉米更类似于一个小松果，而不是今天需要我们两只手才能吃到的有着巨大内核的食物。同样类型的人工选择过程也发生在我们常规食用的其他许多食物上，从香蕉到西红柿，而我们应该为此感到庆幸。

虽然有很多关于转基因作物对地球的影响是好是坏的争论，但却一直很少有科学证据表明转基因食品不如其他食品安全，但这并没有消除消费者对转基因食品的恐惧。在2014年一个特别有说服力的视频中，《吉米鸡毛秀》派一名记者到农贸市场采访，询问消费者是否会选择避免购买转基因食品，受访者无一例外地表示确实如此，这主要是出于对健康的担忧。但很多人随即承认，他们不知道转基因作物到底代表什么。当被问及转基因作物是什么的问题时，一位受访者开玩笑说：“我知道它不

是什么好东西，但跟你说实话，我根本不知道它是什么。”

仅是关于转基因作物标签的斗争就导致了数千万美元的损失，这也使很多消费者感到困惑，并依然保持警惕。也就是说，基因工程和合成生物学之间有一个关键的区别：转基因作物主要（虽然不完全）是由像陶氏益农和孟山都这样的大公司生产，部分原因是为了最大限度地为畜牧业输出饲料；而用于农产品的合成生物学则主要是由小型初创企业使用，试图通过完全取代传统的动物农业（包括用于喂养农场动物的转基因作物，这几乎代表了所有商业使用的转基因作物）来解决关键的环境问题。正如作者麦凯·詹金斯在第1章中指出的，在减少转基因作物的种植面积方面，没有什么比用细胞农业产品取代动物农业更有效的了，即使其中一些生产过程中同样使用了转基因技术。

在意识到转基因标签之争上的激烈后，埃利桑多进行了反击，他认为消费者往往不理解他们吃的食物背后的基础科学。为了说明这一点，他指出2015年俄克拉何马州的一项调查发现，超过80%的美国人，也就是那些表示支持给含有转基因物质的食品贴上标签的人，表示他们支持“对含有DNA的食品进行强制性标注”。本书的读者可能已经知道，几乎所有人类吃过的食物（也有一些例外，比如盐）都含有DNA。埃利桑多继续说：“而且哪些生产实践应该被标注出来？既然现在几乎所有的奶酪都是用凝乳剂制作的，而凝乳剂是使用与基因工程类似的过程的结果，那么我们是否也应该将奶酪标注为转基因食品？”

消费者联盟的迈克尔·汉森并不买账，他认为埃利桑多、潘迪亚和洛雷斯塔尼的产品都是同一个转基因豆荚中的豌豆。“转基因酵母是否出现在最终产品中并不重要，”汉森断言，“这

些产品都是基因工程的结果。”当被问及他是否对含有基因工程凝乳剂的奶酪有同样的感觉时，他反驳说，凝乳剂只是奶酪中的一小部分，但这些食品如果没有基因工程根本就不会存在。“大部分的奶酪还是天然的，”他声称，“而这些食品完全是实验室生产的。”

这一切都提出了一个问题，那就是清洁动物制品——如果克服了进入市场的障碍，比如成本和监管障碍——应该如何引入市场。无论是基于对技术的恐惧，还是基于对这些新型食品的合理担忧，如果消费者的接受度真的如此之低，若没有必要的话，这些初创企业还需要披露它们的产品有所不同吗？考虑到如今销售的大多数木瓜都是转基因的（被基因工程改造成有能力抵御一种可能损害木瓜的常见病毒），但你看不到这种水果上贴着转基因标签。人们只是购买木瓜，而不是购买被宣传为转基因的木瓜（负面含义），也不是购买那些被贴上“抗病毒”标签的木瓜（正面含义）。洛雷斯塔尼在这一点上充满希望，再次阐明了无细胞农业的拥护者提出的凝乳剂论点。“一块含有基因工程凝乳剂的奶酪和一块含有转基因明胶的糖果之间真的没有什么不同。”

围绕着转基因生物的疑惑实在太多，一些公司已经毫无理由地给自己生产的产品贴上标签，以此来与其他公司的产品进行区分。例如，西红柿生产商波米（Pomì）已经开始将其西红柿宣传为“无转基因作物”，尽管市场上根本没有转基因西红柿。（这就有点像把瓶装水宣传为“无麸质”的趋势。）

与汉森和珀尔斯一样，孟菲斯肉类的创始人乌玛·瓦莱蒂也想让消费者知晓这些真相。而他希望提供产品信息能激励消

费者选择其公司生产的肉，而不是传统的肉类。“仅就食品安全而言，好处如此惊人，了解信息的顾客会要求他们的家人吃我们生产的肉。谁愿意让自己的孩子面临更大的食源性疾病风险呢？”

埃利桑多也同意这一点，“想象一下在可能有沙门氏菌的蛋白和没有沙门氏菌的蛋白之间做选择。或者，有脓液的牛奶与没有脓液的牛奶，你会怎么选择呢？毕竟所有的牛奶都有脓液。”（牛奶中含有一定量的脓液，更专业的名称是体细胞计数。）

而好食品研究所的布鲁斯·弗雷德里克认为，透明度是细胞农业相比传统农业的关键优势之一。在他看来，**人们了解得越多，就会越感兴趣。**“清洁制品更好——它们更安全、更可持续、污染更少、对动物更有益。一旦清洁制品的价格与传统产品相同，哪怕价格稍高一点，告诉消费者他们得到的是什么，这将成为一个巨大的卖点。”

也许会有很多人选择细胞农业产品，但细胞农业界人士的乐观情绪可能会因为很多消费者已经说出口的想要的东西而受到打击。2013 年《华尔街日报》的一篇文章报道说，51% 的美国人说他们会寻找标有“天然”标签的食品，即使人们普遍对这个词的实际含义感到困惑。很难想象很多人会把没有用到实际动物生产的肉、奶、蛋当作“天然”的。

同时，什么是“天然”的问题也很难得到解决。在人类进行基因选择之前从未存在过的动物（想想几乎所有狗的品种）是天然的吗？我们今天吃的肉鸡也是一样，它们是经过基因选择的，生长很快、肉质肥润。这样的过程很难说是“天然”的，但当在市场上进行售卖时，似乎很少有消费者对此有异议。

像汉森这样的怀疑论者认为，这种说法没有抓住重点。从对农场动物进行基因选择以获得夸张的生产性状（在技术上并没有对它们进行基因工程改造），到给动物服用药物以使它们生长得更快，在他看来，很明显我们目前的肉类生产系统是非天然的，但这并不能成为我们进一步远离天然生产的理由。换一种说法，目前的系统是不天然的，但可以使其更天然。没有屠宰动物而得到的肉类，对他来说，本身就是不天然的。

达塔尔明白他的观点，但提出了一个相反的想法："既然我们已经不再认为无骨无皮的鸡胸肉必须出自鸡身上，而且大多数人吃起来也没有问题，为什么不干脆不用鸡，直接生产出这样的肉呢？"

最后，许多人将科学应用于食品的自然反应，正是本书中提到的诸多公司必须要解决的问题，尤其是那些使用基因工程微生物生产食品的公司。它们有责任证明所做的一切与其他已经被广泛消费的食品的生产方式（如奶酪中的凝乳剂）并无不同；它们的食品是绝对安全的，事实上还可能比所替代的食品更安全；以及它们的生产对环境和伦理的好处是巨大的，不应该被忽视。

一些细胞农业和无细胞农业公司已经开始尝试帮助联邦监管机构了解它们的所作所为。"我们希望他们参与我们流程中的每一步。"潘迪亚说。这就是为什么他和甘地在 2016 年年底与美国食品和药物管理局会面，介绍他们的公司并回答该机构可能提出的任何问题。他们关注的主要问题是希望避免像汉普顿克里克公司因使用"蛋黄酱"一词与该机构产生的关于产品定义的纠纷。它们这些初创企业能够成功的另一个关键因素，是

可以证明它们的产品与目前消费的产品并没有什么不同，因此可以被认定是安全的。

事实上，美国食品和药物管理局已经公布了一份“食品中使用的微生物和微生物衍生成分”的清单，并将这些成分归类为“公认的安全”（GRAS）。其中一些是面包酵母类、前面提到的葡萄酒中使用的酵母、凝乳剂、维生素D、维生素B_{12}等。而其中很多成分都是通过完美的一天、克拉拉食品和啫喱托所使用的酵母或细菌发酵生产的。对这些公司来说的好消息是，2016年年底，美国食品和药物管理局最终确定了一项规定，允许食品公司自行确定它们使用的成分是否属于GRAS，而无须多达数年的时间去等待美国食品和药物管理局进行研究。

新规定受到了消费者联盟等团体的谴责，它们主张对规定进行修改，要求独立专家对某一原料是否为GRAS做出结论，而不是让食品公司自行研究判断。美国食品和药物管理局保留了对任何成分的GRAS认定提出质疑的权力，但现在是由公司自己先做出这一决定。

在欧洲，政府对此类认定的控制力度更大。欧盟委员会公布了一份“新型食品”清单，将其定义为“欧盟人在1997年之前没有大量消费过的食品”，而这一规定正是1997年开始生效的。其中一些食品，如奇亚籽和龙舌兰糖浆，实际上并不是新食品，而是直到最近才在欧盟售卖。而另一些则是真正的生物技术产品，比如富含植物甾醇、可以降低胆固醇的食用油。

在欧盟委员会用来对这些新型食品进行分类的10个类别中，有一类似乎是专门用来解决当前问题的。“由动物、植物、微生物、真菌或藻类的培植细胞或培植组织组成、分离或生产

的食品。”另一类包括“由微生物、真菌或藻类组成、分离或生产的食品”。

新型食品可以在欧盟销售——例如，现在许多欧洲人愉快地吃着奇亚籽——但只有在欧盟委员会确定它们对消费者是安全的之后才可以销售。即便如此，它们也必须贴上适当的标签，以免误导消费者。

这些都是培植公司在商业化销售产品之前必须要克服的障碍。假设联邦监管机构允许这些产品上市，那么就需要像本书中提到的诸多公司和非营利组织向顾客和主要食品品牌推销其产品，让他们相信这些产品与我们如今购买的动物制品没有区别，甚至更好。考虑到这些公司的发展速度，我们很快就能知道消费者是否会接受这些看似新奇的食物，否则，向这些初创企业注入数百万美元的投资者就会落得个鸡飞蛋打的下场。

第8章

品味未来

用一种新的思维方式去行动，比用一种新的行动方式去思考要容易得多。

就在两百多年前，英国学者托马斯·马尔萨斯（Thomas Malthus）曾预言，由于人口呈指数级增长，而粮食产量只呈线性增长，除非人类限制人口增长（要么降低出生率，要么因战争和疾病而死亡），否则，居住在地球上的人类数量和可供应的粮食数量之间将出现不可避免的矛盾。

幸运的是，到目前为止，他的预言还没有被证明是正确的。马尔萨斯没有预料到农业生产力的巨大进步，尤其是在20世纪，农业发展极为迅猛。除了14世纪的鼠疫出现了短暂的异常，过去几千年来，每个世纪人类的数量都在稳步上升，并在1900年后开始飙升。进入20世纪时，地球上只有15亿人，但世纪末时人口却已超过60亿。如今，地球上分布着近80亿人口，而到2050年，按照我们目前的进程，人口数量很可能达到90亿~100亿。

换句话说，我们履行了《圣经》的劝诫——多产和繁殖。但马尔萨斯的预言最终会成真吗？

正如第2章所讨论的，诺曼·博洛格在1970年的诺贝尔和平奖获奖感言中预测，他帮助引领的绿色革命为我们人类赢得了一些时间，使20世纪快速增长的人口中的很大一部分有饭可

吃。但它并没有提供一个永久的解决方案。如果不对他所说的“人口怪物”进行控制，智人根本无法满足未来数十亿新增人口对食物日益增长的需求，尤其是如果我们依然依赖像畜牧业这般低效的蛋白质生产系统的话。

在未来几十年里，自愿减少人口数量似乎是极不可能的，因为这几十年的变化将是重中之重。这意味着，为了避免马尔萨斯预言的灾难，我们还需要另一场绿色革命。其中一个选择就是通过采用更多植物性饮食多吃绿色食品，毕竟我们都知道绿色食品更健康、更有效、更人性化。

既然植物蛋白通常比动物蛋白需要的资源更少，为什么不从食用动物肉类转向食用植物蛋白呢？正如本书中许多细胞农业的支持者所证实的，他们看到了植物肉的光明前景，这也是这些公司能吸引众多风险投资的原因之一。

考虑到这些产品的改进速度，以及公共卫生界对肉类过度消费的日益警觉，植物性“鸡”块和“猪肉”香肠确实有可能在未来人类饮食中占据更大的比例。作为消费者，我很满足于享受这些替代品，而不用吃真正的动物肉。也许其他许多人也会愿意把它们作为主要，甚至是唯一的“肉类”来源，尤其是如果销售它们的公司能够以比动物肉更实惠的价格售卖的话。

许多清洁肉食爱好者已经在这一点上达成了共识：如果细胞农业生产的食品遭到失败是因为植物蛋白公司的成功，那么他们会激动万分。他们中的大多数人只是把清洁动物制品看作是对人性的一种让步——人们真的想吃动物肉，而清洁肉是一种更好的生产方式。

根据我自己的经验，我发现很多非常有同情心和环保意识

的人只是想吃自己认为的"真正的东西"，要么是偶尔吃，要么是一直吃。这些人热爱动物，希望保护地球，关心自己的健康。然而出于各种原因，他们很难转变为植物性饮食，或者尝试之后却很难坚持下去。即使植物肉随处可见，但美国的素食率几十年来一直保持在 2%~5%。而动物保护组织的研究表明，86% 的素食者最终会回归到杂食性饮食。

这并不是说人们不会少吃肉。即使大多数人不会完全成为素食者，也仍然有确凿的证据表明，仅出于健康原因，美国和欧洲的许多人至少正在寻求减少所吃动物制品的数量。这对地球来说是个好消息，但还不足以解决我们已经面临的问题，如气候变化、环境恶化和动物虐待，这些问题都在因畜牧业而进一步恶化。如果这些问题在未来继续恶化，仅仅少吃肉是远远不够的。

假设人类人口继续增长，而我们大多数人也想继续吃肉，那么对于地球及其所有居民，无论是人类还是非人类，找到一种更有效的方式来生产真正的动物制品将至关重要。细胞培养技术的进步为我们提供了这样的机会，同时也可以解决与动物工厂化养殖相关的其他问题。当然，对于那些有先见之明的投资人来说，如今细胞培养技术的进步也为他们提供了潜在的巨大回报。

2010 年时，除了向奶酪行业供应合成凝乳剂的制造商之外，没有一个食品公司在进行商业化的动物制品培植。事实上，本书所介绍的公司在那时甚至还一家都不存在。然而，到 2020 年，情况将大为不同。过去几年内，少数先锋企业家发明了一个全新的农业领域，可以解决我们面临的许多最紧迫的问题。他们

有潜力以真正的方式迎来第二次绿色革命，这正是改善马尔萨斯预言的资源危机所必需的。我们已经面临着巨大的压力，并造成了大规模的物种灭绝，如果现在不进行干预，未来我们将面临更严重的问题。时间在流逝，如果没有找到更好的方法来养活我们自己，如今的问题与未来几十年可能发生的事情相比，也许会显得思虑不周。

清洁肉行业除了可以帮助避免未来马尔萨斯式的反乌托邦，还可以带来其他更直接的好处，如已经对如今肉类行业产生的相当明显的影响。

传统肉类行业的危机感

传统肉类行业的一些人已经看到了不祥之兆。他们也许还不承认我们已经达到了"肉食峰值"，但动物蛋白公司已经开始实施产品组合多样化。例如，植物鸡肉供应商嘉迪恩现在由品尼高食品（Pinnacle Foods）公司拥有，目前该公司还拥有大胃王（Hungry-Man）和万迪克（Van de Kamp）等鱼类食物品牌；而卡夫食品（Kraft Foods）公司除了拥有奥斯卡·梅耶（Oscar Mayer）等肉类公司外，还拥有博卡汉堡。而在2016年年底发布的一则爆炸性声明中，全球最大的肉类生产商泰森食品宣布收购植物蛋白公司别样肉客5%的股份。泰森时任首席执行官唐尼·史密斯（Donnie Smith）在推特上宣布了这一消息，"对我们的未来感到兴奋"，并附上了《纽约时报》对其投资别样肉客的报道的链接。

业内也有一些人在呼吁更多的人参与到清洁肉领域。2016

年，甚至在嘉吉公司投资孟菲斯肉类之前，肉类行业贸易杂志《肉食地》的编辑莉萨·基夫（Lisa Keefe）就鼓励读者去了解现代牧场、默萨肉类、别样肉客、不可能食品和嘉迪恩等植物性食品公司。“加工商们仅仅生产和分销以动物肉为基础的产品是不够的，它们需要将自己重新定义为蛋白质产品的制造商和分销商，然后创建或收购与蛋白质相关的公司和品牌，而不考虑其蛋白质的来源。”

基夫的文章还赞叹了清洁动物制品公司在融资方面取得的成功。她想知道为什么肉类行业中没有更多的人参与到这种创新中来。“肉类生产应该去吸引聪明的投资者，就像现代牧场吸引到许多支持者那样，”基夫写道，“现代牧场把蛋白质生产看作一个技术问题，而非农业问题。”

如果大型肉类生产商开始采纳基夫的建议并接受培植技术，这可能会促使它们采取措施去解决近年来为自己创造的透明度问题。

由于动物福利组织和食品安全倡导者的多次举报揭发，肉类行业一次又一次地被肉类召回、屠宰场停产、虐待动物罪等事件所困扰。肉类行业应对这些事件的反应不是尝试防止虐待行为的发生，而是一直试图阻止公众率先发现这些虐待行为，正如《纽约时报》在2013年一篇头版文章的标题:《录制农场虐待行为正在成为一种罪行》。

近年来，美国各地出台了几十项“农业禁言”法案，目的都是为了阻止肉类行业过于透明。有些地区甚至将拍摄屠宰场或工厂化农场的照片或视频视为犯罪。在爱达荷州和犹他州，此类行为被认定为违宪。其他州的法律规定是，潜在的卧底调

查员在农业综合企业中工作是违法的。在爱荷华州，这样的法律规定如今依然有效。

坦率地说，动物农业企业已经非常出色地阻止了任何限制自己对待动物的方式的行为，因此，它们对透明度的反对也是可以理解的。在没有农场动物福利法的情况下，它们基本上是在比拼谁更接近道德底线，以效率的名义将不人道的做法当作标准。例如，如果一位兽医在没有止痛的情况下给狗做绝育手术，兽医很可能会被指控为虐待动物罪。但同样的虐待——不止痛的阉割——在猪肉和牛肉行业每天都在发生，因为农民已经成功地将自己的这种做法从大多数州的反虐待法中豁免。**没有一部联邦法律与农场动物的待遇有关。**同样，如果你把猫锁在小笼子里，让它一辈子只能在方寸间活动，你也会被关进监狱。但在猪肉和鸡蛋行业，囚禁猪和鸡已经司空见惯了。

换句话说，我们很难去责怪动物农业企业想要向公众隐藏其做法的行为。如果大多数人看到动物被饲养成食物的过程，很可能会三思是否真的想吃这样的动物。然而，清洁动物制品公司可以从根本上改变消费者与蛋白质供应商之间的关系。

“清洁肉的卖点之一是，因为在发酵罐中酿造，所以完全透明。”好食品研究所的布鲁斯·弗雷德里克说。换句话说，清洁肉没有什么东西可以隐瞒。“现在，进入一家工厂化农场或屠宰场的话，只能祝你好运，”他说，“除了少数自由放养的农场，绝大多数农场都无法给人带来好的体验，对所有屠宰场来说就更是如此。但你可以参观清洁肉类工厂，就像参观啤酒厂一样。我已经迫不及待地想要看到孟菲斯肉类的工厂的第一次公开参观了。”

这种向一个更透明的肉类行业的转变将标志着与过去的巨大差异，而食品安全、环境和动物倡导者无疑会欢迎这种转变。细胞农业公司的完全开放至少在一定程度上可以让那些担心食品和生物技术结合的人放心。很少有人担心利用生物技术为糖尿病患者生产的胰岛素或其他救命的药物，但同样的过程应用于食品却似乎很令人担忧。至少对一些人来说，看到这些食品到底是如何生产的可能会减轻一些围绕这些技术的恐惧、不确定性和戒心。

人造肉助力人类改变对待家畜的态度与方式

撇开透明度不谈，随着这些新兴细胞农业初创企业在市场上走向商业化和规范化，它们的未来仍不明朗。本书中的批评者提出的关于生物技术的问题，同样可能是监管者和消费者的疑问。但如果这些公司成功了呢？这将会给蛋白质产业带来巨大的影响，导致农业经济中工作岗位的大规模转移。但这也很可能让食品行业的一个利益相关者退出这个行业：农场的动物。

用当地新建的肉类酿造厂取代农业系统中的鸡、火鸡、猪、鱼和牛，将会引发关于这些只是为了养活我们而存在的动物的大量疑问。简而言之，农场动物会大大减少，当然这也是新技术的重点。但并不是每个人都会对少了农场动物的世界感到满意。这条批判路线的哲学意义远大于实际意义，而你对此事的看法其实取决于是否同意火鸡细胞培养研究者玛丽·吉本斯的观点，她在《麻省理工科技评论》中宣称：“如果农场动物不必存在，世界会变得更好。”

这并不是说吉本斯不喜欢农场动物。恰恰相反，她是一个超级动物爱好者。但吉本斯认为，如果我们少养些牲畜，把土地留给自由生活的野生动物，无论是对那些永远不会出生的农场动物而言，还是对我们其他人而言，世界都将变得更好。

然而，并不是每个人都这么认为。2008 年，《纽约时报》编辑部对工厂化养殖必须结束的论点表示同情，但却接受所谓"更有分寸的方法"，而不是用培养皿代替农场动物。《纽约时报》提出应该减少农业综合企业中动物虐待行为的发生，但警告称，"如果牛群和羊群消失，以实验室器皿里培植的肉类取而代之，那么我们将迎来一个贫瘠的世界"。

一些哲学家接受了《纽约时报》的观点，开始担心没有农场动物的未来会产生什么影响。他们并不赞成目前的农业系统，事实上，他们也在抨击这个系统。哲学家、清洁肉怀疑论者里斯·索森（Rhys Southan）表明了他对工厂化养殖的看法："既然成为我们食物的动物的生命多半是一种诅咒，那么生产没有头脑、没有感情的肉来取代工厂化养殖是一种道德上（以及实质上）无须思考的事情。"

换句话说，如今那些为了肉、蛋、奶而被养殖的动物一般都很可怜，如果它们一开始就不出生可能会更好。不过对于肉牛来说，可能并非如此，它们一生中的很多时间都是在户外度过的，而且有能力从事自然行为。但对于饲养的鸡、火鸡、鱼和猪等超过 99% 的美国养殖动物来说，它们确实很可怜。它们的屠宰日实际上可能是它们一生中最美好的一天，因为长期的痛苦终于可以结束了。

所以，对于那些对清洁肉持怀疑态度的人来说，为了满足

我们对动物制品的欲望，目前的生产系统在道德上比酿造厂生产出的肉、蛋、奶更可取，这并没有什么好争论的。但是，那些真正过着体面生活的农场动物呢？例如，草饲的牛往往一生都生活在牧场上，从来不知道饲养场的存在，它们也不需要专门种植的玉米或大豆来养活。人们可以争论在没有必要的情况下为了食物而杀死动物的道德问题（显然我们绝大多数人不吃动物也可以生存），但如果这些动物本来就不存在，会比我们把它们带到这个世界上，给它们一个美好的生活，然后迅速杀死它们更好吗？

但索森不这么认为。在一篇题为《幸福农场的处决》的文章中，他辩称，即使有被宰杀的悲哀时刻，一头牛在地球上享受了一段时间，然后被迅速杀死，也比仅仅存在更好。为此，“免屠宰肉听上去可能很好，”索森警告说，“但之所以不用屠宰，只是因为没有生命可以被结束。”

并非只有索森一人持这种观点。牛津大学人类未来研究所的两位科学家安德斯·桑德伯格（Anders Sandberg）和本·莱文斯坦（Ben Levinstein）在他们的文章《 体外肉的道德局限 》中讨论道，大多数农场动物的存在被清洁制品取代，世界当然会更好。但如果我们能改善这些动物的命运，让它们的生活真正有价值呢？那我们是否会更希望它们存在？

桑德伯格和莱文斯坦认为，“如果我们停止或几乎停止饲养牲畜，那么世界上猪、牛、鸡的幸福之和将约为零。虽然目前这个总和可能是负数，但如果这些物种真正灭绝才是我们最好的道德选择，那就太可惜了”。

我不确定“灭绝”这个词对这些驯养动物来说是否合适，

因为它们在几千年前才出现，有的甚至只有几百年。如果某种由人类通过基因选择的之前并不存在的品种的狗突然间停止了繁殖，我们真的会认为它们的消失是“灭绝”吗？驯养动物——将野生动物进行选择性繁殖，让它们更温顺、更依赖于人类生存——是一个完全不同的问题。但无论用什么词才能更合适地描述这些动物的缺席，这都无疑是一个重要的道德问题。

桑德伯格和莱文斯坦继续提出了一个理由，即削减真正享受体面生活的农场动物的数量，会让世界失去很多幸福，而这些幸福本来是由许多清洁肉类爱好者试图帮助的动物所享受的。作者们承认，虽然农场动物的存在取代和伤害了大量野生动物，特别是因为要提供牧场或耕地而导致的森林的消失。而正如杰森·马西尼在2003年的文章《最小的伤害》中所讨论的，荒野中栖息的动物往往比牧场多，所以如果我们的目标是最大限度地增加有知觉动物的数量，那么让那些农田恢复到森林或草原，供本地野生动物生活，在道德上是更可取的。（北美居民唯一常吃的本土农场动物其实是火鸡。）

桑德伯格和莱文斯坦在最后确实提出了最终可能会让人们倾向于选择清洁动物制品而非以牧场为基础的畜牧业的观点：虽然两人更倾向于更加人性化的农业，而不是肉类酿造厂，但农场动物对地球的影响——最主要的是其排放的温室气体带来的气候变化——可能是非常有害的，以至于有必要被取代。在这种情况下，清洁肉对农场动物本身来说不会是道德上的优选，但对人类和整个地球来说，确实是更优选择。

不过，两位作者在表达了自己的担忧并权衡了各种方案之后，没有完全反对清洁肉。“归根结底，体外肉会使我们目前的

道德水平有很大进步，所以应该继续鼓励其发展。事实上，如果考虑到农业和经济现状，大规模人性化养殖的选择是不可能的。这可能是我们长期的最佳选择，特别是考虑到牲畜对环境的影响。”

然而，这可能不是清洁肉和来自更快乐的动物的肉之间的选择——最终可能会两者兼而有之。从本质上讲，如果没有大量受苦受难的动物、不产生一系列环境和公共卫生成本，我们就无法拥有如今的肉类消费水平。为了结束工厂化养殖，我们必须少养动物。当我们每年需要饲养数十亿只动物时，它们根本无法得到体面的待遇。

因此，我们可以设想这样一个世界，清洁肉取代了很大一部分传统的动物肉，但没有完全取代。在那个世界里，有些人可能仍然享受高水平的肉类消费（大部分肉由细胞生产，而非屠宰），但有些人可能希望偶尔能吃到来自动物的传统肉类，而这些动物在被屠宰之前都曾被善待。就像有些人仍然喜欢把乘坐马车当作一种娱乐体验，甚至是唯一的交通工具（例如阿米什人）一样，有些人可能仍然想吃屠宰动物的肉。我们还是会有一些农场动物，但不会有工厂化养殖。在那个世界里，牲畜有一天也许不再是“活着的牲口”，它们的数量会少得多，而且很多只是出于情感目的或作为动物伴侣而存在。如今，已经有越来越多的美国人把鸡当作宠物饲养，这可能预示着随着我们对农场动物思维的逐渐转变，未来会有更多的人开始养鸡。而清洁肉一旦商业化，可能会在很大程度上让人们转向这种想法。

食物背后的伦理道德

对于动物伦理学和细胞农业领域之外的人来说，这样一场关于驯养的农场动物是否生存得更好的辩论可能看起来相当学术。毕竟，几乎没有人会根据什么会使世界上的幸福总和最大化，或者什么能最大限度地减少痛苦来做出购买食物的决定。无论如何，在塑造大多数消费者的行为准则中，道德的排位是很低的，尤其在涉及食品时。

相反，一次又一次的调查显示，当我们购买食品时，最重要的三个因素是：价格、口味和便利程度。食品可持续发展的倡导者可能希望道德、环境或健康能与这些赤裸裸的现实竞争，但遗憾的是，它们与价格、口味和便利程度这三位一体的神圣因素完全无法抗衡。

有趣的是，虽然2008年至2014年间美国的肉类消费有所下降，但希望这种下降是由于公众对可持续发展的高度关注可能（至少部分）是没有根据的。专注于食品和农业的跨国银行荷兰合作银行的分析发现，2015年美国肉类消费增长了5%，这是一个巨大的增长，特别是考虑到前几年这一数字每年都在下降。畜牧业命运逆转的原因是什么？“是消费者对价格下跌的反应。”该研究的主要作者断言。

如果要等待人们对动物或地球抱有更开明的心态，从而让饮食向更好的方向转变，那么我们就姑且等待吧。实际上可能是这样的，**一旦人们不再依赖动物满足自己的需求，那么对动物福利的关注往往就会显现出来。**例如，当19世纪煤油取代鲸油成为主要的照明燃料后，人们开始关心鲸鱼的福利就变得容易

多了。同样，随着汽车的发明，我们对马的看法也更感性。

这种现象让人想起专门揭发丑闻的记者厄普顿·辛克莱的话，他曾撰写了揭露肉类虚拟包装设施的著作《屠场》。他说："当一个人的薪水依靠他不理解的事情获得时，要让他理解这件事情是很困难的。"在这里，并不是说我们的薪水取决于剥削动物而来的食物（当然有些人的薪水确实如此），而是一种更深层次的心理倾向。大多数美国人每天都要吃很多次肉，而且一生都在吃肉，这在我们的文化和传统中根深蒂固，对大多数人类来说也是如此。对于很多消费者来说，成为素食者的想法，即使是偶尔素食，也是令人生畏的。

荷兰哲学教授科尔·范·德维尔（Cor van der Weele）写了大量关于清洁肉的影响的文章，她很好地说明了这一点。"重要的是要认识到，改变不一定需要从明确的道德态度开始，"她指出，"在某些情况下，人们采取的态度伴随着他们已经表现出来的行为。在这种情况下，这可能意味着当人们习惯于吃清洁肉后，工厂化养殖或杀害动物的想法可能会逐渐变得陌生和难以接受。"

并不是为了暗示道德对等，但这种心理现象经常被认为是一个原因。例如，美国北部各州在南北战争之前就愈加反对奴隶制，甚至几乎所有州在南北战争开始之前很久就已经（相对）和平地成功取缔了奴隶制。随着当地经济工业化以及对以奴役人类为基础的农业系统的财政依赖性的降低，反对奴隶制的道德态度在北方变得更加普遍，至少与几乎仍完全是农业经济的南方相比是如此。同时，技术革新也可能使社会更加依赖一种在伦理上令人憎恶的做法。以轧棉机的发明为例，它使南方的

奴隶制度让当权者更加有利可图。有些历史学家甚至指出，伊莱·惠特尼（Eli Whitney）发明的轧棉机是导致南北战争的一个无意的因素，因为它使南方对立法结束奴隶制的抵触情绪大增，而北方各州大多已经这样做了。

考虑到这样的历史，福克斯新闻的保守派评论员、《华盛顿邮报》专栏作家查尔斯·克劳特哈默（Charles Krauthammer）认为，未来几代人很可能对我们如今对待动物的方式感到恐惧。但他也意识到，最初导致这种情况的可能不是人道主义情绪。许多人将会放弃吃动物的习惯，他说，这“也主要是市场驱动的。科学会发现饮食的替代品，并大大降低生产成本和精力。届时，肉食将成为一种异国情调的享受，就像雪茄之于如今濒临灭绝的烟草文化一样”。

一项调查肉食者对农场动物精神生活态度的精彩研究证实了这一理论。《时代周刊》报道称，澳大利亚研究心理学家史蒂夫·洛克南（Steve Loughnan）发现，“如果你喜欢吃牛肉，你就会更倾向于相信牛不会思考；如果你只吃鱼，你就会更倾向于把牛看成是有意识的动物，而把你盘子里的三文鱼当成无意识的蠢货”。换句话说，如果你吃猪肉，你可能更不愿意相信研究发现猪比狗还聪明的说法。如果你吃很多鸡肉，你可能很难接受鸡有自己的语言、良好的记性，甚至还能做基本的数学题。（顺便说一句，这些都是真的。）

人类擅长很多事情，其中之一就是合理化自己的行为，这样就不会产生心理上的矛盾。证据一再表明，我们愿意相信自己的行为来自于逻辑上考虑过的信念，但实际上，我们几乎总是在调整信念，以符合我们想要从事的行为。而人类似乎很想

延续的行为之一就是吃肉。

事实证明，这句格言是正确的：**用一种新的思维方式去行动，比用一种新的行动方式去思考要容易得多。**一旦我们开始以不同的方式行动——避免吃被屠宰动物的肉——以不同的方式思考动物也就变得更容易。

洛夫南的研究继续探讨了一个人最近是否吃过肉会决定他对动物的看法。的确如此。实际上，在研究过程中，受访者会拿到牛肉或坚果作为零食，之后会被问及牛的智力问题。毫不惊奇，比起吃坚果的人，吃了牛肉的人认为牛更笨。这让人想起了传奇作家、记者和动物爱好者克利夫兰·阿莫里（Cleveland Amory）的话，他说："人有无限的合理化能力，尤其是在他想吃的东西上。"

阿莫里提供了一个精辟的角度来说明自己的观点，但这并不是一个新的观念。在18世纪，本杰明·富兰克林出于伦理道德的考虑坚持素食主义，但尽管如此，还是很难坚持，并找到各种理由偶尔吃动物肉。他在自传中痛心地回忆：

> 到目前为止，我一直坚守着不吃动物肉的决心。这次我和特里恩师傅决定，把捕杀每一条鱼都当作是一场无端的谋杀，因为从来都没有、也永远不会对我们造成任何伤害，以至于可以让人名正言顺地去屠杀它们。这似乎都很合理。但我以前是个很爱吃鱼的人，把热气腾腾的鱼从油锅里取出来时香气扑鼻。我在原则和喜好之间权衡了一阵，直到我想起，当鱼被剖开时，我看到它们的胃里还有小鱼。于是我想："如果你们都

> 互相吞食，那我为什么不能吃你们呢？”于是我放心地吃了鳕鱼，而且和别人一样一直继续吃，只是偶尔回头吃吃素。做一个理性的动物是多么方便的一件事啊，总能让人为自己做的每件事找到或制造一个理由。

多年来，动物保护者一直试图帮助人们以不同的方式看待动物，以便他们能更好地对待动物并少吃动物肉。但如果对我们很多人来说，必须先少吃动物，才能把农场动物看成是重要的个体呢？随着一种可接受的传统动物肉的替代品变得更容易获得、负担得起、可以经常消费，美国人才真的可能愈发将农场动物看作聪明的个体。正如孟菲斯肉类的乌玛·瓦莱蒂所预测的，“清洁肉上市后，我们将无法想象我们曾经同意屠宰数十亿只动物用于食品生产，更不用说这还损害了人类健康和生态环境，并造成经济效率低下。”

另一场绿色革命

人类确实站在一个十字路口。不难想象，当地球上增加几十亿人口，其中包括几十亿期望经常吃肉的人，全球将变得不稳定。我们没有足够的资源在满足这种需求的同时，既不破坏地球，又能在这个过程中不给动物造成巨大的痛苦，无论是驯养动物还是野生动物。

面对人类似乎对肉类和其他动物制品上瘾带来的所有问题，我们必须发起另一场绿色革命，就像半个世纪前博洛格所做的那样。眼下，实现这一革命最有希望的解决方案不是大刀阔斧

地改革畜牧业，而是从细胞农业入手。这场革命的副作用——提高农业透明度、以更尊重的新眼光看待动物等——本身就是值得的。但事实上，细胞农业将减少我们对饲养动物以获取食物的依赖，这是许多环保主义者、公共卫生专家和动物福利主义者热衷于此的主要原因。

本书中所描述的公司、非营利组织和个人，以及未来几年肯定会涌现的众多其他初创企业为我们提供了一种提高效率的承诺。如果要拯救地球，我们就要提高效率。它们为开发一种解决方案提供了可能，以解决我们所面临的许多问题，无论是气候变化、土地保护，还是全球饥饿和虐待动物。通过从细胞，甚至从简单的分子中生产肉类和其他动物制品，把活生生的动物完全排除在生产过程之外，我们就可以实现传统畜牧业目前无人尝试的效率提升。我们真的可以带来另一场绿色革命。

国家越富裕，就越想要更多的肉，但它们很大程度上缺乏启动工厂化养殖模式所需的基础设施和资源，更不用说不去损害环境和动物了。细胞农业是否能像 10 年前的手机？许多欠发达国家并未发展固定电话系统所需的一流基础设施，而是跳过了固定电话，直接开始使用手机。目前，用于本地化清洁肉生产的技术已经被创造出来。不难想象，在那些可能会建立工厂化农场的国家，肉类酿造厂完全可以取而代之。细胞农业可以帮助这些国家向发达国家的饮食方式发展。

印度是肉类消费增长最快的国家之一，像这样的国家是杰森·马西尼寻求创建新型肉类工业的起源地，也可能从这种新的绿色革命中受益最多。印度政府官员已经大力宣传了本书中提到的公司和人物，并将其视为游戏规则的改变者。内阁部长

玛内卡·甘地（Maneka Gandhi）注意到许多印度裔在运营这些细胞农业公司或为之工作后，在2015年自豪地宣布："我已经让我在伯克利学习的侄女在这些公司实习了，这样有一天，当世界发生变化，当动物不再被屠宰和食用时，她可以回首往事，并为自己是这一过程中的一分子而感到自豪……"她在谈到这些细胞农业公司的创业者时说，"我敢保证多年以后，他们会像比尔·盖茨和史蒂夫·乔布斯一样出名。"

新技术有能力从根本上改变我们的生活方式，甚至让一整个行业都跟着消失。亚伯拉罕·格斯纳的煤油专利给美国捕鲸业带来了灭顶之灾。亨利·福特的内燃机让马车过时。现在判断本书中的公司及其竞争对手们会有多成功还为时过早，但随着它们进军市场，越来越清楚的是，细胞农业不再只是一种理论。它不再仅仅是温斯顿·丘吉尔或皮埃尔-欧仁-马塞兰·贝特洛的预测。细胞农业是真实存在的，它的产品已经存在，人们（包括我）已经接触并食用了它们，而且不需要几十年，可能在几年内就可以提供给广大消费者。

这是否意味着在不远的未来，抗生素将主要用于人类医疗，而不是作为一种常用的动物饲料添加剂？届时，肉类将不再有危险的细菌污染？畜牧业对环境造成的危害只是今天的一小部分？牧场和大量的玉米田、大豆田被退还成森林和湿地？屠宰场会让位于肉类酿造厂？我们是否很快就能毫不愧疚地享受到肉、蛋、奶和皮革，而不会像如今的许多人一想到注定要成为我们食物和衣服的动物的生死，就有一丝罪恶感？

这样的未来似乎是乌托邦式的，要将其变为现实还有许多障碍。从成本、潜在的法规、消费者的接受程度到技术困境，

这样的未来可能会受到各种各样的阻碍。清洁动物制品运动的成功远非一蹴而就。

但现在显然已经迈出了走向成功的第一步。毕竟，乌玛·瓦莱蒂在 2017 年就指出，自孟菲斯肉类成立以来，他已经将生产成本降低了一百多倍。“我们最初进入市场时可能会有小幅溢价，但随着规模扩大，我们有信心能以与传统生产的肉类具有成本竞争力（并最终比传统肉类更实惠）的价格生产肉类。”

我们中的一些人已经开始用实验室生产的蜘蛛丝制作的冬衣来保暖。下一次，我们会不会在喝不含动物的真酸奶时，还能穿上无屠宰的皮鞋？在这种速度下，鸡块和香肠似乎并不太难以实现。

从事细胞农业这个新领域的公司都有相似的目标，但它们正在以不同的方式来解决农业企业的问题。每个公司都认为其独特的关注点重要且有前途。每个公司都有一个共同的愿景，即把细胞农业作为一种手段，有效、可持续、人性化地帮助为不断增长的人口提供所需物品。它们的目标是，建立一个不含实际动物的肉类和其他动物制品的世界。这是一个雄心勃勃的愿景，需要大量的资源才能实现。但与实现这样的未来所节约下来的资源相比，这些需要是微不足道的。

看似棘手的动物工厂化养殖问题已经给地球造成了严重的破坏。随着人口不断增长，用这样一种低效的生产方式养活我们所有人已经明显不可能了。但是，与其仅仅因为改变这一现状的做法是正确的就依赖于人类真正做出改变，细胞农业可能确实会被证明是美国发明家巴克敏斯特·富勒（Buckminster Fuller）在宣布他的公理时所提到的那种改变：**“要想改变什么，就建立一种新的模式，让现有的模式过时。”**

致谢

我写这本书的愿望是帮助读者熟悉这个有可能解决全球问题并创造一个更人性化社会的新兴产业，为这个世界做一些好事。也许你是一位读者，读后想加入书中的公司或在该领域中的其他公司，甚至创办自己的细胞农业企业。也许你是一个投资人，正考虑将注意力（当然还有你的钱）转向这个新兴领域里的先锋企业。或许你只是想了解一下无屠宰肉是什么，现在可能会想尝一尝。或许你完全不相信，也永远不会让细胞农业产品经过你的嘴唇。无论如何，我都很感谢你。感谢你花钱买这本书（或是买来送给朋友……），更重要的是，感谢你花了宝贵的时间来阅读它。谢谢你。

和任何努力一样，本书也是许多人的成果，我对所有人都深表感谢。虽然从2000年年初开始，我就对这个话题产生了浓厚的兴趣，但是我的朋友肯尼·托雷拉（Kenny Torrella）在2016年建议我就此写一本书。而毫无疑问，如果没有我的明星经纪人,这一切都不会发生。他是老鹰乐队的粉丝,我称他为“图书经纪人中的兰德尔·坎宁安（Randall Cunningham）”，但实际上，他是方德瑞文学与媒体公司（Foundry Literary & Media）的安东尼·马特罗（Anthony Mattero）。从我向他提及这个项目

的第一时间起，安东尼就对它深信不疑。自始至终他都是我宝贵的合作伙伴。他也已经知道，我的下一本书可能会是一部关于人与动物关系的小说，敬请期待！

我还很感谢布鲁克·凯瑞（Brooke Carey）对本书书稿进行了有益的编辑，使它成为一本更强大——坦率地说——更有用的书。彼得·辛格、马特·普雷斯科特（Matt Prescott）、伊丽莎白·卡斯托里亚（Elizabeth Castoria）、杰西卡·阿尔米（Jessica Almy）和埃米莉·伯德（Emily Byrd）对这份稿件进行了修改，对此我非常感激。我还得感谢克里斯蒂·米德尔顿（Kristie Middleton），她为我提供了非常有用的建议和支持。斯泰西·克里默（Stacy Creamer）是本书的另一位信徒，她的支持和指导非常重要。当然，我与西蒙·舒斯特画廊图书公司（Simon & Schuster's Gallery Books）的高级编辑亚当·威尔逊（Adam Wilson）的合作也非常愉快，我确信他很欣赏在稿件中看到我引用金刚狼的金刚骨架。从我在他办公室里看到金刚狼海报的那一刻起，我就知道我们很合得来。

我很幸运能把细胞农业领域的很多人称作朋友，包括本书中介绍的几个人。这些业内的关系是本书得以出版的原因之一，他们很愿意与我分享私下的、常常是机密的工作细节。虽然本书明确表示，我对细胞农业为解决全球问题所提供的前景持乐观态度，但我已经尽我所能保持客观，并尽可能少地抱有偏见。

在写作本书的过程中，最让我高兴的莫过于尤瓦尔·赫拉利同意为本书作序。我是他的两本书《人类简史》和《未来简史》的忠实粉丝，我强烈推荐你去读这两本书，我从他那里学到了很多东西。直到现在，看到我的名字和他的名字一起出现

在书的封面上，我还是很震惊。感谢尤瓦尔的序言，更重要的是，他帮助我们人类看清了自己的本质，更好地理解了我们在宇宙中的卑微地位。

本书中描述的人物、公司和组织都很友好，合作起来也很愉快（那些不友好的并没有出现在本书中——开玩笑的！）。我感谢他们所有人，也希望他们对自己的形象感到满意。如果不满意，那可能是我的编辑们的错，对吧？对不起，亚当。

在写作本书的过程中，做一名作家并不是我的全职工作，我实际上在美国人道协会工作。我很感谢美国人道协会的总裁兼首席执行官韦恩·帕切尔，他从一开始就对这本书的概念充满热情并鼓励我去写。海蒂·普雷斯科特（Heidi Prescott）是我的另一位同事，我真的很感谢她在这一过程中的支持。我在美国人道协会的其他同事们审阅了本书并提出了有用的意见，包括雷切尔·奇瑞（Rachel Querry）、伯尼·昂蒂（Bernie Unti）和苏珊娜·梅（Susannah May）。他们的编辑对我帮助很大，由衷感谢他们。

帮助我筹备本书发行的人多得数不胜数，但我特别感谢的人包括托尼·奥卡莫托（Toni Okamoto）、埃里克·戴（Eric Day）以及每个为本书宣传的人，其中有很多都是我最喜欢的作家，比如A. J. 雅各布斯（A. J. Jacobs）。

最后，我要感谢我的父母，乔琳娜（Jolene）和拉里·夏皮罗（Larry Shapiro），他们在生活中给我提供了很多有利条件，对我的工作也是无比支持。我相信这本书将是他们今后送给任何一个朋友或家人的唯一礼物。也没有其他人比他俩更渴望吃到清洁肉了。我非常爱他们！

希望这本书在某种程度上有助于减少我们这个小世界里大量的痛苦。对此，我真诚地表示感谢。

图书在版编目（CIP）数据

人造肉：即将改变人类饮食和全球经济的新产业 /（美）保罗·夏皮罗著；李思璟译. – 北京：北京联合出版公司，2022.2

ISBN 978-7-5596-5556-1

Ⅰ. ①人… Ⅱ. ①保… ②李… Ⅲ. ①食品工程 – 生物工程 Ⅳ. ① TS201.2

中国版本图书馆 CIP 数据核字 (2021) 第 194923 号

北京市版权局著作权合同登记号：01-2021-5553 号

人造肉：即将改变人类饮食和全球经济的新产业

作　　者 | [美] 保罗·夏皮罗
译　　者 | 李思璟
出 品 人 | 赵红仕
选题策划 | 好·奇
策 划 人 | 华小小
责任编辑 | 夏应鹏
封面装帧 | @ 吾然设计工作室
内页制作 | 青研工作室
投稿信箱 | curiosityculture18@163.com

北京联合出版公司出版
（北京市西城区德外大街83号楼9层100088）
北京联合天畅文化传播公司发行
天津丰富彩艺印刷有限公司印刷　新华书店经销
字数 180 千字　889 毫米 × 1194 毫米　1/32　8.5 印张
2022 年 2 月第 1 版　2022 年 2 月第 1 次印刷
ISBN 978-7-5596-5556-1
定价：78.00 元

U0163084